建筑设计规范常用条文速查手册

（第四版）

虞　朋　虞献南　编著

（本版新增条文助读注释）

U0286329

中国建筑工业出版社

图书在版编目（CIP）数据

建筑设计规范常用条文速查手册/虞朋，虞献南编
著. —4 版. —北京：中国建筑工业出版社，2017.6（2022.11重印）
ISBN 978-7-112-20612-4

Ⅰ. ①建… Ⅱ. ①虞…②虞… Ⅲ. ①建筑设计-
建筑规范-中国-手册 Ⅳ.①TU202-62

中国版本图书馆 CIP 数据核字（2017）第 063930 号

责任编辑：丁洪良
责任校对：李美娜 姜小莲

建筑设计规范常用条文速查手册（第四版）
虞 朋 虞献南 编著
＊
中国建筑工业出版社出版、发行（北京海淀三里河路 9 号）
各地新华书店、建筑书店经销
唐山龙达图文制作有限公司制版
北京建筑工业印刷厂印刷
＊
开本：850×1168 毫米 1/32 印张：6⅞ 字数：183 千字
2017 年 7 月第四版 2022 年 11 月第二十三次印刷
定价：**38.00** 元
ISBN 978-7-112-20612-4
（30275）

前　言

　　手册问世已 10 载有余，其间曾多次修订改版，每次改版都会上一个台阶，提升一个档次，可谓"十年磨一剑"，"如切如磋、如琢如磨"。现在，我们将更新编著的手册第四版奉献给大家，以此作为对长期关心和支持这本小册子的广大读者的答谢和回报。读者的一路相随相伴是编著者孜孜以求、笔耕不辍的最大动力。愿我们的努力能给大家带来帮助、带来快乐、带来好运。

　　手册第四版新增和修改的内容如下：

　　1. 应对修订的规范（如《建筑设计防火规范》GB 50016—2014、《商店建筑设计规范》JGJ 48—2014、《旅馆建筑设计规范》JGJ 62—2014 等）对手册内容作全面的校核、调整和修改；

　　2. 新增建筑层数计算、层间分布及层高（室内净高）规定、下沉式广场、商业步行街等章节内容；

　　3. 进入互联网时代、查阅规范已不是件难事。时下，本手册仍能得到读者的关注，显然因其收集的各类建筑设计规范、法规信息已归纳为有条理的系统知识，可读性已超越了单纯的查阅功能。本次改版特意下大力强化手册助读功能，对一些读者关注的问题作出回应，其目的亦为更加丰富手册内涵，增强手册的可读性。

　　助读"注释"为编著者对规范条文的个人解读，水平有限，但力求有理有据、不杜撰、不曲解，以免误导读者。

　　本手册助读内容仅供参考，不当之处敬请批评指正。手册所载规范条文，读者需引用时亦应核对规范原文。

　　最后，再次申明，本手册不再对规范条文作"强条"的标示，因为编著者认同和赞赏规范条文全部为强制性条文，必须严格执行的原则立场。严格程度的不同，在规范用词说明中均有严谨而明确的界定。希望得到大家的理解。

编著者 2016.8

目　　录

9

1 名 词 解 释

1.1 容积率

$$容积率 = \frac{总建筑面积（地上）}{建筑用地面积}$$

《城市规划基本术语标准》5.0.9

〔编者注释：总建筑面积应参照工程所在地区城市规划建设管理部门的具体规定进行计算。

例如：北京市规定，地下车库、架空空间可不包括在总建筑面积内，但地下人防应包括在总建筑面积内。如此，宜标示含地下人防面积和不包括地下建筑面积的两个容积率值；

深圳市规定，半地下室房间净高地上部分高度≥1.50m 应计入总建筑面积；

上海市规定，半地下室房间净高地上部分高度≥1.00m 应计入总建筑面积。〕

1.2 基地边界线

各类建筑工程项目用地的使用权属范围的边界线。

《通则》2.0.8

1.3 道路红线

规划的城市道路（含居住区级道路）用地的边界线。

《通则》2.0.7

1.4 建筑红线（建筑控制线）

城市道路两侧控制沿街建筑物或构筑物（如外墙、台阶等）靠临街面的界线。

《城市规划基本术语标准》5.0.12

有关法规或控制性详细规划确定的建筑物、构筑物的基底位置不得超出的界线。

《通则》2.0.9

1.5　建筑密度

$$建筑密度 = \frac{建筑基底总面积}{建筑用地面积}$$

《城市规划基本术语标准》5.0.10

1.6　绿地率

居住区用地范围内各类绿地面积的总和占居住区用地面积的比率（%）。

绿地应包括：公共绿地、宅旁绿地、公共服务设施所属绿地和道路绿地（即道路红线内的绿地），其中包括满足当地植树绿化覆土要求，方便居民出入的地下、半地下建筑的屋顶绿地（不应包括屋顶、晒台的人工绿地）。

绿地率：新区建设不应低于30%；

旧区改建不宜低于25%。

《城市居住区规划设计规范》2.0.32；7.0.2.3

1.7　日照间距系数

根据日照标准确定的房屋间距与遮挡房屋檐高的比值。

《城市居住区规划设计规范》2.0.18

1.8　日照标准

根据建筑物所处的气候区、城市规模和建筑物的使用性质确定的，在规定的日照标准日（冬至或大寒日）的有效日照时间范围内，以建筑底层窗台面为计算起点的外窗获得的日照时间。

《通则》2.0.13

住宅建筑日照标准

建筑气候区划	Ⅰ、Ⅱ、Ⅲ、Ⅶ气候区		Ⅳ气候区		Ⅴ、Ⅵ 气候区
	大城市	中小城市	大城市	中小城市	
日照标准日	大寒日			冬至日	
日照时数（h）	≥2		≥3		≥1
有效日照时间带	8:00～16:00			9:00～15:00	
日照时间计算起点	底层窗台面				

注：老年人居住建筑不应低于冬至日2h的标准。

《城市居住区规划设计规范》5.0.2；

《住宅建规》4.1.1

1.9　建筑物体形系数

建筑物与室外大气接触的外表面积与其所包围的体积的比值。（外表面积中不包括地面和不采暖楼梯间隔墙和户门的面积。）

北京市《居住建筑节能设计标准》2.0.1

1.10　复式机动车库

室内有车道、有驾驶员进出的机械式机动车库。

《车库设计规范》2.0.9

1.11　机械式机动车库

采用机械式停车设备存取、停放机动车的车库。

《车库设计规范》2.0.11

1.12　全自动机动车库

室内无车道，且无驾驶员进出的机械式机动车库。

《车库设计规范》2.0.12

1.13　机动车最小转弯半径

机动车回转时，当转向盘转到极限位置，机动车以最低稳定车速转向行驶时，外侧转向轮的中心平面在支承面上滚过的轨迹圆半径。表示机动车能够通过狭窄弯曲地带或绕过不可越障碍物的能力。

《车库设计规范》2.0.22

机动车最小转弯半径（m）

微型车：4.50　　中型车：7.20～9.00

小型车：6.00　　大型车：9.00～10.50

轻型车：6.00～7.20

《车库设计规范》4.1.3

1.14　歌舞娱乐放映游艺场所

含歌厅、舞厅、录像厅、夜总会、卡拉 OK 厅和具有卡拉 OK 功能的餐厅或包房、各类游艺厅、桑拿浴室的休息室和具有桑拿服务功能的客房、网吧等场所。不包括电影院和剧场的观众厅。

《防火规范》5.4.9 条文说明

1.15　重要公共建筑

发生火灾可能造成重大人员伤亡、财产损失和严重社会影响的公共建筑。

《防火规范》2.1.3

重要公共建筑一般包括：党政机关办公楼、人员密集的大型公共建筑或集会场所、较大规模的中小学校教学楼、宿舍楼、重要的通信、调度和指挥建筑，医院、广播电视建筑、城市集中供水设施、主要的电力设施等涉及城市或区域生命线的支持性建筑或工程。

《防火规范》2.1.3 条文说明

1.16　商业服务网点

设置在住宅建筑的首层及二层，每个分隔单元建筑面积不大于300m² 的商店、邮政所、储蓄所、理发店等小型营业性用房。

商业服务网点包括百货店、副食店、粮店、邮政所、储蓄所、理发店、洗衣店、药店、洗车店、餐饮店等小型营业性用房。

《防火规范》2.1.4 及条文说明

1.17　防火隔墙

建筑内防止火灾蔓延至相邻区域且耐火极限不低于规定要求的不燃性墙体。

《防火规范》2.1.11

1.18　防火墙

防止火灾蔓延至相邻建筑或相邻水平防火分区且耐火极限不低于3.00h 的不燃性墙体。

《防火规范》2.1.12

1.19　裙房

在高层建筑主体投影范围外，与建筑主体相连且建筑高度不大于24m 的附属建筑。

《防火规范》2.1.2

除相关规范规定外，裙房的防火要求应符合有关高层民用建筑的规定。

《防火规范》5.1.1表注3

裙房与高层建筑主体之间设置防火墙时，裙房的防火分区可按单、多层建筑的要求确定。

《防火规范》5.3.1表注2

裙房和建筑高度不大于32m的二类高层公共建筑其疏散楼梯应采用封闭楼梯间。

注：当裙房与高层建筑主体之间设置防火墙时，裙房的疏散楼梯可按规范有关单、多层建筑的要求确定。

《防火规范》5.2.12

［编者注释：

对以上有关裙房防火要求的规范条文可作如下解读：

1. 裙房与其他民用建筑之间的防火间距按《防火规范》5.2.2条规定，与一、二级耐火等级的单、多层民用建筑之间应不小于6m；与高层建筑之间不应小于9m。

2. 防火分区：

（1）裙房与高层建筑主体之间设置防火墙时，裙房的防火分区可按多层建筑的要求将防火分区最大允许建筑面积设定为2500m²，设自动灭火系统时为5000m²；

（2）裙房与高层建筑主体之间未设防火墙，其意为裙房与高层建筑主体投影区连通在一个防火分区内，按高层建筑防火要求应设置自动喷水灭火系统。此时，该防火分区最大允许建筑面积应为3000m²（商店营业厅、展览厅应为4000m²）。

3. 疏散楼梯：

（1）常规：裙房的疏散楼梯应采用封闭楼梯间；

（2）裙房与高层建筑主体之间设置有防火墙时，裙房的疏散楼梯可按多层建筑的要求设置为封闭楼梯间或敞开楼梯间；

（3）裙房与高层建筑主体之间未设置防火墙，且裙房防火分区（包括与裙房同层的高层建筑主体投影区）与高层建筑主体的直通室外的安全出口各自分别独立设置时，该裙房防火分区的疏散楼梯可按规范规定设置为封闭楼梯间；当此部为医疗建筑和重要的公共建筑时应按一类高层建筑要求设为防烟楼梯间。

4. 裙房耐火等级应按《防火规范》5.1.3 条规定设为一、二级耐火等级；

裙房应按高层民用建筑的防火要求设置自动灭火系统和室内消火栓系统；

此外裙房的消防车道及消防救援场地的设置、室内安全疏散（疏散距离、疏散宽度），均应符合高层民用建筑的规范规定。]

1.20 高层建筑

建筑高度大于 27m 的住宅建筑和建筑高度大于 24m 的非单层厂房、仓库和其他民用建筑。

《防火规范》2.1.1

1.21 （电梯）安全逃生门

高层建筑中，对于电梯不停靠的楼层，每隔 11.00m 需设置的可开启的电梯逃生出口。

《防火规范》6.2.9 条文说明

1.22 避难走道

采取防烟措施且两侧设置耐火极限不低于 3.00h 的防火隔墙，用于人员安全通行至室外的走道。

《防火规范》2.1.17

1.23 安全出口

供人员安全疏散用的楼梯间和室外楼梯的出入口或直通室内外安全区域的出口。

《防火规范》2.1.14

"室内安全区域"包括符合规范规定的避难层、避难走道等，"室外安全区域"包括室外地面、符合疏散要求并具有直接到达地面设施的上人屋面、平台以及符合规范要求的天桥、连廊等。

《防火规范》2.1.14 条文说明

当仅供通行的天桥、连廊采用不燃材料，且建筑物通向天桥、连廊的出口符合安全出口的要求时，该出口可作为安全出口。

《防火规范》6.6.4

［编者注释：高层住宅建筑中设置"连廊"多为连接安全出口的安全疏散通道，与仅供两栋独立建筑间通行的天桥、连廊相比、其功能要求和防火环境要复杂许多。因此，设计人需审慎对待，确保其安全疏散符合《防火规范》6.6.4条规定外，还同时满足其他相关防火要求。

例如：平面布局为凹形的高层住宅，设置于内凹口部的连廊，由于内凹部房间采光通风的需要，多设为开敞式连廊，内凹部火灾囱效应所形成的垂直上升火道可直接阻滞连廊的人员安全疏散。故此，此连廊除满足《防火规范》6.6.4条规定外，还应符合以下要求：

①连廊应连接凹口两侧的公共通道或楼梯间防烟前室；

②内凹部外墙门、窗、洞口间的水平、垂直防火间距及与连廊间的防火间距应符合规范相关防火规定，或在连廊内侧设置火灾时能自动降落的防火卷帘。］

1.24　倒置式屋面

将保温层设置在防水层上面的屋面。

倒置式屋面的防水等级应不低于Ⅱ级。其保温层必须有足够的强度和耐水性（应采用挤压式聚苯板或发泡聚氨酯），保温层上应设保护层。

《细则》7.3.5

1.25　种植屋面

铺以种植土或设置容器种植植物的建筑屋面或地下建筑顶板。

《种植屋面工程技术规程》2.0.1

种植屋面防水等级不应低于Ⅰ级。

《细则》7.3.5

1.26　地下室

房间地面低于室外设计地面的平均高度大于该房间平均净高

1/2 者。

《防火规范》2.1.7

1.27 半地下室

房间地面低于室外设计地面的平均高度大于该房间平均净高
1/3，且不大于 1/2 者。

《防火规范》2.1.6

1.28 （人防）防护单元

在防空地下室中，其防护设施和内部设备均能自成体系的使
用空间。

《人防规范》2.1.17

1.29 （人防）密闭通道

由防护密闭门与密闭门之间或两道密闭门之间所构成的、仅
依靠密闭隔绝作用阻挡毒剂侵入室内的密闭空间。在室外染毒情
况下，通道不允许人员出入。

《人防规范》2.1.39

1.30 （人防）防毒通道

由防护密闭门与密闭门之间或两道密闭门之间所构成的、具
有通风换气条件、依靠超压排风阻挡毒剂侵入室内的空间。在室
外染毒情况下，通道允许人员出入。

《人防规范》2.1.40

2 建筑分类

2.1 按使用功能的建筑分类

2.1.1 《通则》规定的建筑属性分类：

民用建筑按其使用功能可分为公共建筑和居住建筑两大类。其中居住建筑包括住宅建筑和宿舍、公寓等。

《通则》3.1.1 及条文说明

2.1.2 《防火规范》规定的建筑属性分类：

民用建筑分为住宅建筑和公共建筑两大类；

除规范另有规定外，宿舍、公寓等非住宅类居住建筑的防火要求应符合本规范有关公共建筑的规定；

住宅建筑下部设置商业服务网点时，该建筑仍为住宅建筑。

《防火规范》5.1.1 及条文说明

2.1.3 节能设计规范规定的建筑属性分类：

1. 公共建筑包括办公建筑（如写字楼、政府办公楼等）、商业建筑（如商场、超市、金融建筑等）、酒店建筑（如宾馆、饭店、娱乐场所等）、科教文卫建筑（如文化、教育、科研、医疗、卫生、体育建筑等）、通信建筑（如邮电、通讯、广播用房等）以及交通运输建筑（如机场、车站等）。

国标《公共建筑节能标准》1.0.2 条文说明

2. 居住建筑主要包括住宅建筑、集体宿舍、住宅式公寓、商住楼的住宅部分以及托幼建筑等。

《夏热冬冷地区居住建筑节能设计标准》1.0.2 条文说明

3. 房屋建筑划分为民用建筑和工业建筑。民用建筑又分为居住建筑和公共建筑。

公共建筑包括：办公建筑、宾馆、商场、文教建筑、医疗建筑、观演建筑、交通建筑、体育建筑、博览建筑等。

当一栋建筑具有多种功能时，原则上按面积占多的功能作为划分类型的依据。但如果一栋建筑中，属于不同分类的功能部分分界很明显，也可以分别按两类建筑处理。

北京市《公共建筑节能设计标准》
1.0.2 及 3.1.1 条文说明

4. 居住建筑中的公共建筑部分，其面积大于总面积的 20%且大于 $1000m^2$ 时，则应与居住建筑分别对待，按综合建筑处理。按各部分的功能性质分别执行《公共建筑节能设计标准》和本标准。

北京市《居住建筑节能设计标准》1.0.2 条文说明

[编者注释：

从以上按建筑使用功能进行分类的规范条文中可以看出，对建筑的使用功能进行广义的分类并不复杂。建筑可分为工业建筑（工厂、仓库），民用建筑（公共建筑、居住建筑）两大类。而在实际工作中，对具体工程项目的属性定位却并不那么简单。属性界定因消防、节能、日照……等各设计领域的不同而有较大差异。即使是同一节能设计领域中，规范对公共建筑或居住建筑的分类界定也不尽相同。在一些综合性工程项目中，此问题更为复杂。因此，设计人在工程设计的前期工作中须按不同的设计领域、不同的地区，对照相应规范、法规对工程的属性分类"小心求证"，分门别类"对号入座"，以便顺利展开后续设计。

由于建筑的功能、用途多种多样，称呼也千差万别，而规范所涵盖的内容有限，对未被列入规范的建筑，可比照规范内容作类比分类定位，或咨询城市规划管理的相关业务部门。]

2.2 建筑防火分类

2.2.1 民用建筑防火分类

民用建筑根据其建筑高度和层数可分为单、多层民用建筑和高层民用建筑。高层民用建筑根据其建筑高度、使用功能和楼层的建筑面积可分为一类和二类。民用建筑的分类应符合表 2-1 的规定。

民用建筑的分类　　　　　　　　　　　　　表 2-1

名称	高层民用建筑		单、多层民用建筑
	一类	二类	
住宅建筑	建筑高度大于 54m 的住宅建筑(包括设置商业服务网点的住宅建筑)	建筑高度大于27m,但不大于 54m 的住宅建筑(包括设置商业服务网点的住宅建筑)	建筑高度不大于 27m 的住宅建筑(包括设置商业服务网点的住宅建筑)
公共建筑	1. 建筑高度大于 50m 的公共建筑 2. 任一楼层建筑面积大于 1000m² 的商店、展览、电信、邮政、财贸金融建筑和其他多种功能组合的建筑 3. 医疗建筑、重要公共建筑 4. 省级及以上的广播电视和防灾指挥调度建筑、网局级和省级电力调度建筑 5. 藏书超过 100 万册的图书馆、书库	除一类高层公共建筑外的其他高层公共建筑	1. 建筑高度大于 24m 的单层公共建筑 2. 建筑高度不大于 24m 的其他公共建筑

注：①表中未列入的建筑，其类别应根据本表类比确定。

②除本规范另有规定外，宿舍、公寓等非住宅类居住建筑的防火要求，应符合本规范有关公共建筑的规定；裙房的防火要求应符合本规范有关高层民用建筑的规定。

《防火规范》5.1.1

2.2.2 厂房、仓库防火分类

1. 厂房防火分类

（1）生产的火灾危险性分类见表2-2。

生产的火灾危险性分类　　　　表 2-2

生产的火灾危险性类别	使用或产生下列物质生产的火灾危险性特征
甲	1. 闪点小于 28℃的液体 2. 爆炸下限小于 10%的气体 3. 常温下能自行分解或在空气中氧化能导致迅速自燃或爆炸的物质 4. 常温下受到水或空气中水蒸气的作用，能产生可燃气体并引起燃烧或爆炸的物质 5. 遇酸、受热、撞击、摩擦、催化以及遇有机物或硫磺等易燃的无机物，极易引起燃烧或爆炸的强氧化剂 6. 受撞击、摩擦或与氧化剂、有机物接触时能引起燃烧或爆炸的物质 7. 在密闭设备内操作温度不小于物质本身自燃点的生产
乙	1. 闪点不小于 28℃，但小于 60℃的液体 2. 爆炸下限不小于 10%的气体 3. 不属于甲类的氧化剂 4. 不属于甲类的易燃固体 5. 助燃气体 6. 能与空气形成爆炸性混合物的浮游状态的粉尘、纤维、闪点不小于 60℃的液体雾滴
丙	1. 闪点不小于 60℃的液体 2. 可燃固体
丁	1. 对不燃烧物质进行加工，并在高温或熔化状态下经常产生强辐射热、火花或火焰的生产 2. 利用气体、液体、固体作为燃料或将气体、液体进行燃烧作其他用的各种生产 3. 常温下使用或加工难燃烧物质的生产
戊	常温下使用或加工不燃烧物质的生产

《防火规范》3.1.1

（2）同一座厂房或厂房的任一防火分区内有不同火灾危险性生产时，厂房或防火分区内的生产火灾危险性类别应按火灾危险性较大的部分确定；当生产过程中使用或产生易燃、可燃物的量较少，不足以构成爆炸或火灾危险时，可按实际情况确定；当符

12

合下述条件之一时，可按火灾危险性较小的部分确定；

①火灾危险性较大的生产部分占本层或本防火分区建筑面积的比例小于5％或丁、戊类厂房内的油漆工段小于10％，且发生火灾事故时不足以蔓延至其他部位或火灾危险性较大的生产部分采取了有效的防火措施；

②丁、戊类厂房内的油漆工段，当采用封闭喷漆工艺，封闭喷漆空间内保持负压、油漆工段设置可燃气体探测报警系统或自动抑爆系统，且油漆工段占所在防火分区建筑面积的比例不大于20％。

《防火规范》3.1.2

（3）锅炉房锅炉间属于丁类生产厂房。

锅炉房重油油箱间、油泵间和油加热器及轻柴油的油箱间和油泵间应属于丙类生产厂房。其建筑均不应低于二级耐火等级。

锅炉房燃气调压间应属于甲类生产厂房，与锅炉房贴邻的调压间应设防火墙与锅炉房隔开，其门窗应向外开启并不应直接通向锅炉房。

《锅炉房设计规范》15.1.1

2. 仓库防火分类

储存物品的火灾危险性分类　　　　表 2-3

储存物品的火灾危险性类别	储存物品的火灾危险性特征
甲	1. 闪点小于28℃的液体 2. 爆炸下限小于10％的气体，受到水或空气中水蒸气的作用能产生爆炸下限小于10％气体的固体物质 3. 常温下能自行分解或在空气中氧化能导致迅速自燃或爆炸的物质 4. 常温下受到水或空气中水蒸气的作用，能产生可燃气体并引起燃烧或爆炸的物质 5. 遇酸、受热、撞击、摩擦以及遇有机物或硫磺等易燃的无机物，极易引起燃烧或爆炸的强氧化剂 6. 受撞击、摩擦或与氧化剂、有机物接触时能引起燃烧或爆炸的物质

储存物品的火灾危险性类别	储存物品的火灾危险性特征
乙	1. 闪点不小于 28℃，但小于 60℃的液体 2. 爆炸下限不小于 10%的气体 3. 不属于甲类的氧化剂 4. 不属于甲类的易燃固体 5. 助燃气体 6. 常温下与空气接触能缓慢氧化，积热不散引起自燃的物品
丙	1. 闪点不小于 60℃的液体 2. 可燃固体
丁	难燃烧物品
戊	不燃烧物品

《防火规范》3.1.3

同一座仓库或仓库的任一防火分区内储存不同火灾危险性物品时，仓库或防火分区的火灾危险性应按火灾危险性最大的物品确定。

《防火规范》3.1.4

2.2.3 汽车库防火分类

汽车库、修车库、停车场的分类　　　　表 2-4

名称		Ⅰ	Ⅱ	Ⅲ	Ⅳ
汽车库	停车数量(辆)	>300	151～300	51～150	≤50
	总建筑面积(m²)	>10000	>5000 ≤10000	>2000 ≤5000	≤2000
修车库	车位数(个)	>15	6～15	3～5	≤2
	总建筑面积(m²)	>3000	>1000 ≤3000	>500 ≤1000	≤500
停车场	停车数量(辆)	>400	251～400	101～250	≤100

《汽车库、修车库、停车场设计防火规范》3.0.1

2.3 建筑按层数、高度的分类

2.3.1 住宅建筑

低层住宅： 1～3 层

多层住宅： 4～6 层

中高层住宅： 7～9 层（建筑高度不大于 27m）

高层住宅： 建筑高度大于 27m

2.3.2 除住宅之外的民用建筑高度不大于 24m 者为单层或多层建筑，大于 24m 的非单层建筑为高层建筑。

2.3.3 建筑高度大于 100m 的民用建筑为超高层建筑。

《通则》3.1.2

2.4 建筑规模、等级分类

2.4.1 汽车库（停车当量）

特大型：＞1000 辆

大　型：301～1000 辆

中　型：51～300 辆

小　型：≤50 辆

《车库设计规范》1.0.4

2.4.2 商店（总建筑面积）

大型：＞20000m²

中型：5000～20000m²

小型：＜5000m²

《商店建筑设计规范》1.0.4

2.4.3 电影院

电影院分类 表 2-5

类别	总座位数(座)	观众厅(个)
特大型	＞1800	≥11
大型	1201～1800	8～10
中型	701～1200	5～7
小型	≤700	4

《电影院建筑设计规范》4.1.1

2.4.4 剧场

1. 剧场建筑按观众容量其规模可分为：

特大型：1600 座以上

大　型：1201～1600 座

中　型：801～1200 座

小　型：300～800 座

话剧、戏曲剧场不宜超过 1200 座；歌舞剧场不宜超过 1800 座。

《剧场建筑设计规范》1.0.4

2. 剧场建筑（按技术要求）的等级可分为特、甲、乙、丙四个等级。特等剧场的技术要求根据具体情况确定，甲、乙、丙等级剧场应符合下列规定：

（1）主体结构耐久年限：甲等 100 年以上，乙等 51～100 年，丙等 25～50 年；

（2）耐火等级：甲、乙、丙等剧场均不应低于二级耐火等级；

（3）室内环境标准及舞台工艺设备要求应符合本规范有关章节的相应规定。

《剧场建筑设计规范》1.0.5

2.4.5 体育建筑

特级：亚运会、奥运会及世界级比赛主场馆；

甲级：全国性及单项国际比赛主场馆；

乙级：地区性和全国性单项比赛场馆；

丙级：地方性、群众性运动会场馆。

《体育建筑设计规范》1.0.7

体育建筑分类 表2-6

类别	体育场观众席容量(座)	体育馆观众席容量(座)
特大型	≥60000	>10000
大型	40000～60000	6000～10000
中型	20000～40000	3000～6000
小型	<20000	<3000

《体育建筑设计规范》5.1.1；6.1.1

2.4.6 展览建筑

特大型：>100000m²

大　型：30000～100000m²

中　型：10000～30000m²

小　型：<10000m²

《展览建筑设计规范》1.0.3

2.5 旅馆建筑按建筑设施和设备标准分级

旅馆建筑等级由低到高的顺序可划分为一级、二级、三级、四级和五级。

《旅馆建筑设计规范》1.0.3

［编者注释：

1. 旅馆建筑等级的内容涉及电梯设置、出入口无障设计、客房设施及客房净面积规定、客房卫生间及公共卫生间设置规定、餐厅配置、商务及商业设施、健身和娱乐设施、厨房……等硬件要求详见规范条文具体规定，主要内容可参见表2-7。

旅馆等级		一级	二级	三级	四级	五级
客房净面积（m²）	单床间	—	8	9	10	12
	双床间	12	12	14	16	20
	多床间	4m²				
卫生间	净面积（m²）	2.5	3.0	3.0	4.0	5.0
	卫生器具	设置大便器、洗面盆			设大便器、洗面盆、浴盆或淋浴	
乘客电梯		≥4 层应设置			≥3 层应设置	
最高日生活用水 [L/(d·床)]		80～130	120～200	200～300	250～400	
最高日生活热水用水 [L/(d·床)]		40～60	60～100	100～120	120～160	

2. 旅馆建筑等级划分与旅游饭店星级划分虽由低到高均为五个档次，但两者间并无直接对应关系。旅馆建筑等级划分内容涉及使用功能、建筑标准、设备设施等建筑硬件要求。旅游饭店星级是依据国家《旅游饭店星级的划分与评定》GB/T 14308 规定的标准，通过旅馆的硬件设施和软件管理、服务水平综合评定。两者只是在硬件设施上有部分关联。]

2.6　建筑设计使用年限分类

1 类：5 年，临时性建筑；

2 类：25 年，易于替换结构构件的建筑；

3 类：50 年，普通建筑和构筑物；

4 类：100 年，纪念性建筑和特别重要的建筑。

《通则》3.2.1

2.7 地下人防工程分类

2.7.1 人防工程防护等级分类

1. 甲类防空地下室：满足战时对核武器、常规武器和生化武器的各项预定防护要求；

2. 乙类防空地下室：满足战时对常规武器和生化武器的各项预定防护要求。

防核武器抗力级别分别为：核 4 级、核 4B 级、核 5 级、核 6 级、核 6B 级；

防常规武器的抗力级别分别为：常 5 级和常 6 级。

《人防设计规范》1.0.2；1.0.4

2.7.2 防空地下室的工程类别

1. 指挥、通信工程：各级人防指挥所；

2. 医疗救护工程：中心医院、急救医院、救护站；

3. 防空专业队工程：专业队掩蔽所（队员掩蔽部和装备掩蔽部）；

4. 人员掩蔽工程：一等人员掩蔽所、二等人员掩蔽所；

5. 配套工程：物资库、汽车库、生产车间、区域电站、区域供水站、食品站、核生化监测中心、警报站。

《人防设计规范》1.0.2 条文说明

2.8 建筑节能设计分类

2.8.1 公共建筑节能设计分类

1. 单栋建筑面积大于 $300m^2$ 的建筑，或单栋建筑面积小于或等于 $300m^2$ 但总建筑面积大于 $1000m^2$ 的建筑群，应为甲类公共建筑；

单栋建筑面积小于或等于 $300m^2$ 的建筑应为乙类建筑。

《公共建筑节能设计标准》3.1.1

2. 进行节能设计时，公共建筑应按下列规定进行分类：

甲类：①单栋建筑地上部分面积 A＞10000m² 且全面设置空调设施的下列类型建筑：商场；博览建筑；交通建筑；广播电视建筑；

②观众座位≥5000 座的体育馆；

③观众座位≥1201 座的观演建筑；

④单栋建筑的地上部分面积 A≥20 万 m² 的大型综合体建筑。

乙类：除甲类和丙类之外的其他建筑。

丙类：单栋建筑地上部分面积 A≤300m² 的建筑（不包括单栋面积≤300m²，总建筑面积超过 1000m² 的别墅型旅馆等建筑群）。

北京市《公共建筑节能设计标准》3.1.1

3 建筑耐火等级、装修材料的燃烧性能等级

3.1 建筑耐火等级

3.1.1 民用建筑耐火等级

1. 民用建筑耐火等级一般规定：

不同耐火等级民用建筑相应构件的
燃烧性能和耐火极限（h）　　表 3-1

构件名称		耐火等级			
		一级	二级	三级	四级
墙	防火墙	不燃性 3.00	不燃性 3.00	不燃性 3.00	不燃性 3.00
	承重墙	不燃性 3.00	不燃性 2.50	不燃性 2.00	难燃性 0.50
	非承重外墙	不燃性 1.00	不燃性 1.00	不燃性 0.50	可燃性
	楼梯间和前室的墙 电梯井的墙 住宅建筑单元之间的墙和分户墙	不燃性 2.00	不燃性 2.00	不燃性 1.50	难燃性 0.50
	疏散走道两侧的隔墙	不燃性 1.00	不燃性 1.00	不燃性 0.50	难燃性 0.25
	房间隔墙	不燃性 0.75	不燃性 0.50	难燃性 0.50	难燃性 0.25
柱		不燃性 3.00	不燃性 2.50	不燃性 2.00	难燃性 0.50
梁		不燃性 2.00	不燃性 1.50	不燃性 1.00	难燃性 0.50
楼板		不燃性 1.50	不燃性 1.00	不燃性 0.50	可燃性

构件名称	耐火等级			
	一级	二级	三级	四级
屋顶承重构件	不燃性 1.50	不燃性 1.00	可燃性 0.50	可燃性
疏散楼梯	不燃性 1.50	不燃性 1.00	不燃性 0.50	可燃性
吊顶(包括吊顶搁栅)	不燃性 0.25	难燃性 0.25	难燃性 0.15	可燃性

《防火规范》5.1.2

(1) 民用建筑的耐火等级应根据其建筑高度、使用功能、重要性和火灾扑救难度等确定,并应符合以下规定:

①地下或半地下建筑(室)和一类高层建筑的耐火等级不应低于一级;

②单、多层重要公共建筑和二类高层建筑的耐火等级不应低于二级。

《防火规范》5.1.3

(2) 一、二级耐火等级的建筑,屋面板应采用不燃材料。

《防火规范》5.1.5

(3) 建筑中的非承重外墙、房间隔墙和屋面板,当确需采用金属夹芯板材时,其芯材应为不燃材料,且耐火极限应符合规范相关规定。

《防火规范》3.2.17;5.1.7

(4) 建筑内预制钢筋混凝土构件的节点外露部位应采取防火保护措施,且节点的耐火极限不应低于相应构件的耐火极限。

《防火规范》3.2.19;5.1.9

(5) 以木柱承重且以不燃材料作为墙体的建筑物,其耐火等级应按四级确定。

《防火规范》5.1.2 表注 1

2. 住宅建筑耐火等级规定:

不同耐火等级住宅建筑各部构件燃烧性能和耐火极限规定详

见表 3-2。

住宅建筑构件的燃烧性能和耐火极限（h）　　　表 3-2

构 件 名 称		耐 火 等 级			
		一级	二级	三级	四级
墙	防火墙	不燃性 3.00	不燃性 3.00	不燃性 3.00	不燃性 3.00
	非承重外墙、疏散走道两侧的隔墙	不燃性 1.00	不燃性 1.00	不燃性 0.75	难燃性 0.75
	楼梯间的墙、电梯井的墙、住宅单元之间的墙、住宅分户墙、承重墙	不燃性 2.00	不燃性 2.00	不燃性 1.50	难燃性 1.00
	房间隔墙	不燃性 0.75	不燃性 0.50	难燃性 0.50	难燃性 0.25
柱		不燃性 3.00	不燃性 2.50	不燃性 2.00	难燃性 1.00
梁		不燃性 2.00	不燃性 1.50	不燃性 1.00	难燃性 1.00
楼板		不燃性 1.50	不燃性 1.00	不燃性 0.75	难燃性 0.50
屋顶承重构件		不燃性 1.50	不燃性 1.00	难燃性 0.50	难燃性 0.25
疏散楼梯		不燃性 1.50	不燃性 1.00	不燃性 0.75	难燃性 0.50

注：表中的外墙指除外保温层外的主体构件。

《住宅建规》9.2.1

3. 医院建筑耐火等级规定：

医院建筑耐火等级不应低于二级耐火等级。

《综合医院建筑设计规范》5.24.1

4. 电影院、耐火等级规定：

各等级的电影院均不宜低于二级耐火等级。

《电影院建筑设计规范》4.1.2

甲、乙、丙等剧场耐火等级不应低于二级。

《剧场建筑设计规范》1.0.5

5. 体育建筑耐火等级规定：

特级：不低于一级耐火等级，主体结构设计使用年限＞100 年；

甲级、乙级：不低于二级耐火等级，主体结构设计使用年限50～100 年；

丙级：不低于二级耐火等级，主体结构设计使用年限25～50 年。

《体育建筑设计规范》1.0.8

6. 图书馆建筑耐火等级规定：

藏书量超过 100 万册的高层图书馆、书库；特藏书库的耐火等级应为一级。除此之外的其他图书馆、书库的耐火等级不应低于二级。

《图书馆建筑设计规范》6.1.2；6.1.3

3.1.2 厂房、仓库建筑耐火等级

1. 厂房、仓库耐火等级一般规定：

（1）厂房和仓库的耐火等级可分为一、二、三、四级，相应建筑构件的燃烧性能和耐火极限，除本规范另有规定外，不应低于表 3-3 的规定。

不同耐火等级厂房和仓库建筑构件的

燃烧性能和耐火极限（h）　　　　表 3-3

构 件 名 称		耐 火 等 级			
		一级	二级	三级	四级
墙	防火墙	不燃性 3.00	不燃性 3.00	不燃性 3.00	不燃性 3.00
	承重墙	不燃性 3.00	不燃性 2.50	不燃性 2.00	难燃性 0.50
	楼梯间和前室的墙 电梯井的墙	不燃性 2.00	不燃性 2.00	不燃性 1.50	难燃性 0.50
	疏散走道两侧的隔墙	不燃性 1.00	不燃性 1.00	不燃性 0.50	难燃性 0.25
	非承重外墙 房间隔墙	不燃性 0.75	不燃性 0.50	难燃性 0.50	难燃性 0.25

构 件 名 称	耐 火 等 级			
	一级	二级	三级	四级
柱	不燃性 3.00	不燃性 2.50	不燃性 2.00	难燃性 0.50
梁	不燃性 2.00	不燃性 1.50	不燃性 1.00	难燃性 0.50
楼板	不燃性 1.50	不燃性 1.00	不燃性 0.75	难燃性 0.50
屋顶承重构件	不燃性 1.50	不燃性 1.00	难燃性 0.50	可燃性
疏散楼梯	不燃性 1.50	不燃性 1.00	不燃性 0.75	可燃性
吊顶（包括吊顶格栅）	不燃性 0.25	难燃性 0.25	难燃性 0.15	可燃性

《防火规范》3.2.1

（2）二级耐火等级厂房（仓库）内的房间隔墙，采用难燃墙体时，其耐火极限应提高 0.25h。

《防火规范》3.2.13

（3）除甲、乙类仓库和高层仓库外，一、二级耐火等级建筑的非承重外墙，当采用不燃性墙体时，其耐火极限不应低于 0.25h；当采用难燃性墙体时，不应低于 0.50h。

4 层及 4 层以下的一、二级耐火等级丁、戊类地上厂房（仓库）的非承重外墙，当采用不燃性墙体时，其耐火极限不限。

《防火规范》3.2.12

（4）采用自动喷水灭火系统全保护的一级耐火等级单、多层厂房（仓库）的屋顶承重构件，其耐火极限不应低于 1.00h。

《防火规范》3.2.11

（5）甲、乙类厂房和甲、乙、丙类仓库内的防火墙，其耐火极限不应低于 4.00h。

《防火规范》3.2.9

（6）一、二级耐火等级单层厂房（仓库）的柱，其耐火极限分别不应低于 2.50h 和 2.00h。

《防火规范》3.2.10

（7）一、二级耐火等级厂房（仓库）的上人平屋顶，其屋面板耐火极限分别不应低于 1.50h 和 1.00h。

《防火规范》3.2.15

2. 高层厂房，甲、乙类厂房的耐火等级不应低于二级，建筑面积不大于 $300m^2$ 的独立的甲、乙类单层厂房可采用三级耐火等级的建筑。

《防火规范》3.2.2

3. 单、多层丙类厂房和多层丁、戊类厂房的耐火等级不应低于三级。

使用或产生丙类液体的厂房和有火花、赤热表面、明火的丁类厂房，其耐火等级均不应低于二级；当为建筑面积不大于 $500m^2$ 的单层丙类厂房或建筑面积不大于 $1000m^2$ 的丁类单层厂房时，可采用三级耐火等级的建筑。

《防火规范》3.2.3

4. 使用或储存特殊贵重的机器、仪表、仪器等设备或物品的建筑，其耐火等级不应低于二级。

《防火规范》3.2.4

5. 锅炉房、油浸变压器室、高压配电装置室的耐火等级不应低于二级。当锅炉房为总蒸发量不大于 4t/h 的燃煤锅炉时，可采用三级耐火等级的建筑。

《防火规范》3.2.5；3.2.6

6. 高架仓库、高层仓库、甲类仓库、多层乙类仓库和储存可燃液体的多层丙类仓库，其耐火等级不应低于二级。

《防火规范》3.2.7

7. 可燃油油浸电力变压器室的耐火等级应为一级。

非燃或难燃介质的电力变压器室、电压为10(6)kV的配电装置室和电容器室的耐火等级不应低于二级。低压配电装置和低压电容器室的耐火等级不应低于三级。

《民用建筑电气设计规范》4.9.1

［编者注释：

可燃油油浸电力变压器室耐火等级宜采用一级耐火等级。采用一级耐火等级既符合《民用建筑电气设计规范》4.9.1条规定，也不违反《防火规范》3.2.6条"不应低于二级"耐火等级的规定。］

8. 锅炉房的火灾危险性分类和耐火等级应符合下列要求：

（1）锅炉间应属于丁类生产厂房，单台蒸汽锅炉额定蒸发量大于4t/h或单台热水锅炉额定热功率大于2.8MW时，锅炉间建筑不应低于二级耐火等级；单台蒸汽锅炉额定蒸发量小于等于4t/h或单台热水锅炉额定热功率小于等于2.8MW时，锅炉间建筑不应低于三级耐火等级。

设在其他建筑物内的锅炉房，锅炉间的耐火等级，均不应低于二级耐火等级。

（2）重油油箱间、油泵间和油加热器及轻柴油的油箱间和油泵间应属于丙类生产厂房，其建筑均不应低于二级耐火等级，上述房间布置在锅炉房辅助间内时，应设置防火墙与其他房间隔开。

（3）燃气调压间应属于甲类生产厂房，其建筑不应低于二级耐火等级，与锅炉房贴邻的调压间应设置防火墙与锅炉房隔开，其门窗应向外开启并不应直接通向锅炉房，地面应采用不产生火花地坪。

《锅炉房设计规范》15.1.1

3.1.3　汽车库、修车库耐火等级

1. 汽车库、修车库的耐火等级分为一级、二级和三级，其构件燃烧性能、耐火极限见表3-4。

汽车库、修车库构件燃烧性能和耐火极限　　　表 3-4

建筑构件		耐火等级 一级	二级	三级
墙	防火墙	3.00	3.00	3.00
	承重墙	3.00	2.50	2.00
	楼梯间、前室的墙、防火隔墙	2.00	2.00	2.00
	隔墙、非承重外墙	1.00	1.00	0.50
梁		2.00	1.50	1.00
楼板		1.50	1.00	0.50
柱		3.00	2.50	2.00
疏散楼梯、坡道		1.50	1.00	1.0
屋顶承重构件		1.50	1.00	可燃性 0.50
吊顶（包括吊顶格栅）		0.25	0.25	难燃性 0.15

注：除注明者外构件燃烧性能均为不燃性。预制钢筋混凝土构件的节点缝隙或金属承重构件的外露部位应加设防火保护，其耐火极限不应低于表中相应构件的规定。

《汽车库防规》3.0.2

2. 汽车库和修车库的耐火等级应符合下列规定：

（1）地下、半地下汽车库和高层汽车库应为一级耐火等级；

（2）甲、乙类物品运输车的汽车库、修车库和Ⅰ类汽车库、修车库的耐火等级应为一级。

《汽车库防规》3.0.3

3.1.4　人防工程耐火等级

人防工程的耐火等级应为一级，其出入口地面建筑的耐火等级不应低于二级。

《人防防规》4.3.2

3.1.5　木结构民用建筑耐火等级

1. 木结构建筑应执行本规范有关四级耐火等级建筑的规定。

除规范另有规定外，以木柱承重且以不燃材料作为墙体的建筑物，其耐火等级应按四级确定。

《防火规范》11.0.14；5.1.2 表注 1

2. 当建筑层数不超过 2 层、防火墙间的建筑面积小于 600m² 且防火墙间的建筑长度小于 60m 时，建筑构件的燃烧性能和耐火极限可按本规范有关四级耐火等级建筑的要求确定。

《防火规范》11.0.1 表注 3

3. 建筑采用木骨架组合墙体时，应符合下列规定：

（1）建筑高度不大于 18m 的住宅建筑、建筑高度不大于 24m 的办公建筑和丁、戊类厂房（库房）的房间隔墙和非承重外墙可采用木骨架组合墙体，其他建筑的非承重外墙不得采用木骨架组合墙体；

（2）墙体填充材料的燃烧性能应为 A 级；

（3）木骨架组合墙体的燃烧性能和耐火极限应符合表 3-5 的规定，其他要求应符合现行国家标准《木骨架组合墙体技术规范》GB/T 50361 的规定。

木骨架组合墙体的燃烧性能和耐火极限（h）　　表 3-5

构件名称	建筑物的耐火等级或类型				
	一级	二级	三级	木结构建筑	四级
非承重外墙	不允许	难燃性 1.25	难燃性 0.75	难燃性 0.75	无要求
房间隔墙	难燃性 1.00	难燃性 0.75	难燃性 0.50	难燃性 0.50	难燃性 0.25

《防火规范》11.0.2

3.2　室内装修材料的燃烧性能等级

3.2.1　一般规定

1. 单层、多层民用建筑内部各部位装修材料的燃烧性能等级，不应低于表 3-6 的规定。

单层、多层民用建筑内部各部位装修材料的

燃烧性能等级　　　　　　表 3-6

建筑物及场所	建筑规模、性质	装修材料燃烧性能等级							
		顶棚	墙面	地面	隔断	固定家具	装饰织物		其他装饰材料
							窗帘	帷幕	
候机楼的候机大厅、商店、餐厅、贵宾候机室、售票厅等	建筑面积＞10000m² 的候机楼	A	A	B_1	B_1	B_1	B_1		B_1
	建筑面积≤10000m² 的候机楼	A	B_1	B_1	B_1	B_2	B_2		B_1
汽车站、火车站、轮船客运站的候车（船）室、餐厅、商场	建筑面积＞10000m² 的车站、码头	A	A	B_1	B_1	B_2	B_2		B_2
	建筑面积≤10000m² 的车站、码头	B_1	B_1	B_1	B_2	B_2	B_2		B_2
影院、会堂、礼堂、剧院、音乐厅	＞800 座位	A	A	B_1	B_1	B_1	B_1	B_1	B_1
	≤800 座位	A	B_1	B_1	B_1	B_2	B_1	B_1	B_2
体育馆	＞3000 座位	A	A	B_1	B_1	B_1	B_1	B_1	B_2
	≤3000 座位	A	B_1	B_1	B_1	B_2	B_2	B_1	B_2
商场营业厅	每层建筑面积＞3000m² 或总建筑面积＞9000m² 的营业厅	A	B_1	A	B_1	B_1	B_1		B_2
	每层建筑面积1000～3000m² 或总建筑面积为3000～9000m² 的营业厅	A	B_1	B_1	B_1	B_2	B_1		
	每层建筑面积＜1000m² 或总建筑面积＜3000m² 营业厅	B_1	B_1	B_1	B_2	B_2	B_2		
饭店、旅馆的客房及公共活动用房等	设有中央空调系统的饭店、旅馆	A	B_1	B_1	B_1	B_2	B_2		B_2
	其他饭店、旅馆	B_1	B_1	B_1	B_2	B_2	B_2		

建筑物及场所	建筑规模、性质	装修材料燃烧性能等级							
		顶棚	墙面	地面	隔断	固定家具	窗帘	帷幕	其他装饰材料
歌舞厅、餐馆等娱乐、餐饮建筑	营业面积>100m²	A	B₁	B₁	B₁	B₂	B₁		B₂
	营业面积≤100m²	B₁	B₁	B₁	B₂	B₂	B₂		B₂
幼儿园、托儿所、医院病房楼、疗养院、养老院		A	B₁	B₂	B₁	B₂	B₁		B₂
纪念馆、展览馆、博物馆、图书馆、档案馆、资料馆等	国家级、省级	A	B₁	B₁	B₁	B₂	B₁		B₂
	省级以下	B₁	B₁	B₁	B₁	B₂	B₁		B₂
办公楼、综合楼	设有中央空调系统的办公楼、综合楼	A	B₁	B₁	B₁	B₂	B₁		B₂
	其他办公楼、综合楼	B₁	B₁	B₂	B₂	B₂			B₂
住宅	高级住宅	B₁	B₁	B₁	B₁	B₂	B₁		B₂
	普通住宅	B₁	B₂	B₂	B₂	B₂			B₂

《内装修防规》3.2.1

2. 当单层、多层民用建筑内装有自动灭火系统时，除顶棚外，其内部装修材料的燃烧性能等级可在表 3-6 规定的基础上降低一级；当同时装有火灾自动报警装置和自动灭火系统时，其顶棚装修材料的燃烧性能等级可在表 3-6 规定的基础上降低一级，其他装修材料的燃烧性能等级可不限制。

《内装修防规》3.2.3

3. 建筑物内的厨房，其顶棚、墙面、地面均应采用 A 级装修材料。

《内装修防规》3.1.16

4. 除地下建筑外，无窗房间的内部装修材料的燃烧性能等级，除 A 级外，应在本章规定的基础上提高一级。

《内装修防规》3.1.2

5. 图书室、资料室、档案室和存放文物的房间，其顶棚、墙面应采用 A 级装修材料，地面应采用不低于 B₁ 级的装修材料。

《内装修防规》3.1.3

6. 大中型电子计算机房、中央控制室、电话总机房等放置特殊贵重设备的房间，其顶棚和墙面应采用 A 级装修材料，地面及其他装修应采用不低于 B₁ 级的装修材料。

《内装修防规》3.1.4

7. 消防水泵房、排烟机房、固定灭火系统钢瓶间、配电室、变压器室、通风和空调机房等，其内部所有装修均应采用 A 级装修材料。

《内装修防规》3.1.5

8. 无自然采光楼梯间、封闭楼梯间、防烟楼梯间的顶棚、墙面和地面均应采用 A 级装修材料。

《内装修防规》3.1.6

9. 建筑物内设有上下层相连通的中庭、走马廊、开敞楼梯、自动扶梯时，其连通部位的顶棚、墙面应采用 A 级装修材料，其他部位应采用不低于 B₁ 级的装修材料。

《内装修防规》3.1.7

10. 地上建筑的水平疏散走道和安全出口的门厅，其顶棚装饰材料应采用 A 级装修材料，其他部位应采用不低于 B₁ 级的装修材料。

《内装修防规》3.1.13

11. 当歌舞厅、卡拉 OK 厅（含具有卡拉 OK 功能的餐厅）、夜总会、录像厅、放映厅、桑拿浴室（除洗浴部分外）、游艺厅（含电子游艺厅）、网吧等歌舞娱乐放映游艺场所（简称歌舞娱乐放映游艺场所）设置在一、二级耐火等级建筑的四层及四层以上时，室内装修的顶棚材料应采用 A 级装修材料，其他部位应采用不低于 B₁ 级的装修材料；当设置在地下一层时，室内装修的顶棚、墙面材料应采用 A 级装修材料，其他部位应采用不低于 B₁ 级的装修材料。

《内装修防规》3.1.18

3.2.2　高层民用建筑内部装修材料燃烧性能等级规定

1. 高层民用建筑内部各部位装修材料的燃烧性能等级，不应低于表 3-7 的规定。

高层民用建筑内部各部位装修材料的燃烧性能等级　　　　表 3-7

建筑物	建筑规模、性质	装修材料燃烧性能等级									
		顶棚	墙面	地面	隔断	固定家具	装饰织物				其他装饰材料
							窗帘	帷幕	床罩	家具包布	
高级旅馆	＞800 座位的观众厅、会议厅；顶层餐厅	A	B₁	B₁	B₁	B₁	B₁	B₁		B₁	B₁
	≤800 座位的观众厅、会议厅	A	B₁	B₁	B₁	B₂	B₁	B₁		B₂	B₁
	其他部位	A	B₁	B₁	B₂	B₂	B₁	B₂	B₁	B₂	B₁
商业楼、展览楼、综合楼、商住楼、医院病房楼	一类建筑	A	B₁	B₁	B₁	B₂	B₁	B₁		B₂	B₁
	二类建筑	B₁	B₁	B₂	B₂	B₂	B₁	B₂		B₂	B₂
电信楼、财贸金融楼、邮政楼、广播电视楼、电力调度楼、防灾指挥调度楼	一类建筑	A	A	B₁	B₁	B₁	B₁	B₁		B₂	B₁
	二类建筑	B₁	B₁	B₂	B₂	B₂	B₁	B₂		B₂	B₂

建筑物	建筑规模、性质	装修材料燃烧性能等级									
		顶棚	墙面	地面	隔断	固定家具	装饰织物				其他装饰材料
							窗帘	帷幕	床罩	家具包布	
教学楼、办公楼、科研楼、档案楼、图书馆	一类建筑	A	B_1	B_1	B_1	B_2	B_1	B_1		B_1	B_1
	二类建筑	B_1	B_1	B_2	B_2	B_2	B_1			B_2	B_2
住宅、普通旅馆	一类普通旅馆高级住宅	A	B_1	B_2	B_1	B_2	B_1		B_1	B_2	B_1
	二类普通旅馆普通住宅	B_1	B_1	B_2	B_2	B_2	B_1		B_2	B_2	B_2

注："顶层餐厅"包括设在高空的餐厅、观光厅等。

2. 除 100m 以上的高层民用建筑及大于 800 座位的观众厅、会议厅，顶层餐厅外，当设有火灾自动报警装置和自动灭火系统时，除顶棚外，其内部装修材料的燃烧性能等级可在表 3-7 规定的基础上降低一级。

3. 高层民用建筑的裙房内面积小于 500m² 的房间，当设有自动灭火系统，并且采用耐火等级不低于 2h 的隔墙、甲级防火门、窗与其他部位分隔时，顶棚、墙面、地面的装修材料的燃烧性能等级可在表 3-7 规定的基础上降低一级。

《内装修防规》3.3.1～3.3.3

3.2.3 地下民用建筑内部装修材料燃烧性能等级规定

1. 地下民用建筑内部各部位装修材料的燃烧性能等级，不应低于表 3-8 的规定。

注：地下民用建筑系指单层、多层、高层民用建筑的地下部分，单独建造在地下的民用建筑以及平战结合的地下人防工程。

2. 地下民用建筑的疏散走道和安全出口的门厅，其顶棚、墙面和地面的装修材料应采用 A 级装修材料。

地下民用建筑内部各部位装修材料的燃烧性能等级　　表 3-8

建筑物及场所	装修材料燃烧性能等级						
	顶棚	墙面	地面	隔断	固定家具	装饰织物	其他装饰材料
休息室和办公室等 旅馆的客房及公共活动用房等	A	B_1	B_1	B_1	B_1	B_1	B_2
娱乐场所、旱冰场等 舞厅、展览厅等 医院的病房、医疗用房等	A	A	B_1	B_1	B_1	B_1	B_2
电影院的观众厅 商场的营业厅	A	A	A	B_1	B_1	B_1	B_2
停车库 人行通道 图书资料库、档案库	A	A	A	A	A		

《内装修防规》3.4.1，3.4.2

3.3　建筑外装修材料的燃烧性能等级

3.3.1　外墙

1.《民用建筑外保温防火设计规程》(北京市地标)的规定见表 3-9。

外墙外保温防火设计要求一览表　　表 3-9

建筑范围	编号	建筑高度(m)	可选保温做法
居住建筑（非幕墙）	F1	≥100m	应采用(A)级不燃材料
	F2	≥60m但<100m	(1)采用燃烧性能 B_2 级热塑型保温材料,防火保护层厚度应≥16mm,此时不需另加防火隔离带; (2)采用热固型保温材料(改性酚醛板、硬泡聚氨酯等),抹面砂浆应≥3mm 厚,此时不需另加防火隔离带; (3)采用燃烧性能 B_2 级热塑型保温材料,保温层外防火保护层厚度小于 16mm 时,保温层窗口上方 300mm 以上位置应每层设置通长水平防火隔离带或全部窗上口设置挡火梁
	F3	<60m	除可采用 F1、F2 做法外,还可采用燃烧性能 B_2 级热塑型保温材料时,抹面砂浆≥3mm 厚,每两层应加设水平防火隔离带

35

建筑范围	编号	建筑高度（m）	可选保温做法	
公共建筑（非幕墙）	F1	≥80m	应采用(A)级不燃材料	
	F1D	≥50m但<80m	除可采用 F1 做法外，还可采用点框粘贴的热固型保温板（改性酚醛板、硬泡聚氨酯等），并应全部裹覆不小于 16mm 厚的防火保护层	
	F2	≥24m但<50m	除可采用 F1、F1D 做法外，还可采用下列任何一种做法： (1)采用燃烧性能 B₂ 级热塑型保温材料时，防火保护层厚度应≥16mm，此时不需另加防火隔离带； (2)采用热固型保温材料（改性酚醛板、硬泡聚氨酯等），抹面砂浆≥3mm 厚，此时不需另加防火隔离带	
		<24m	除可采用 F1、F1D、F2(1)(2)做法外，还可采用： (3)燃烧性能 B₂ 级热塑型保温材料，保温层外防火保护层厚度小于 16mm 时，保温层窗口上方 300mm 以上位置应每层设置通长水平防火隔离带或全部窗口上口设置挡火梁	
幕墙式建筑	M1	≥24m	应采用(A)级不燃材料	幕墙的保温层与面层之间的缝隙以及其他空隙，应在每层楼板处采用不燃材料或热固型 B₁ 级材料封堵
	M2	<24m	除可采用(A)级不燃材料外，还可采用下列任何一种做法： (1)采用热固型 B₁ 级保温材料，抹面砂浆≥3mm 厚； (2)采用热固型 B₂ 级保温材料时，裹覆≥10mm 厚防火保护层	

2. 建筑的内、外保温系统，宜采用燃烧性能为 A 级的保温材料，不宜采用 B₂ 级保温材料，严禁采用 B₃ 级保温材料；设置保温系统的基层墙体或屋面板的耐火极限应符合本规范的有关规定。

《防火规范》6.7.1

3. 建筑外墙的装饰层应采用燃烧性能为 A 级的材料，但建筑高度不大于 50m 时，可采用 B₁ 级材料。

《防火规范》6.7.12

4. 设置人员密集场所的建筑，其外墙外保温材料的燃烧性能应为 A 级。

《防火规范》6.7.4

5. 与基层墙体、装饰层之间无空腔的建筑外墙外保温系统，其保温材料应符合下列规定：

（1）住宅建筑：

①建筑高度大于 100m 时，保温材料的燃烧性能应为 A 级；

②建筑高度大于 27m，但不大于 100m 时，保温材料的燃烧性能不应低于 B_1 级；

③建筑高度不大于 27m 时，保温材料的燃烧性能不应低于 B_2 级。

（2）除住宅建筑和设置人员密集场所的建筑外，其他建筑：

①建筑高度大于 50m 时，保温材料的燃烧性能应为 A 级；

②建筑高度大于 24m，但不大于 50m 时，保温材料的燃烧性能不应低于 B_1 级；

③建筑高度不大于 24m 时，保温材料的燃烧性能不应低于 B_2 级。

《防火规范》6.7.5

6. 除设置人员密集场所的建筑外，与基层墙体、装饰层之间有空腔的建筑外墙外保温系统，其保温材料应符合下列规定：

（1）建筑高度大于 24m 时，保温材料的燃烧性能应为 A 级；

（2）建筑高度不大于 24m 时，保温材料的燃烧性能不应低于 B_1 级。

《防火规范》6.7.6

7. 建筑外墙采用保温材料与两侧墙体构成无空腔复合保温结构体时，该结构体的耐火极限应符合本规范的有关规定；当保温材料的燃烧性能为 B_1、B_2 级时，保温材料两侧的墙体应采用不燃材料且厚度均不应小于 50mm。

《防火规范》6.7.3

8. 除本规范第 6.7.3 条规定的情况外，当建筑的外墙外保温系统按本节规定采用燃烧性能为 B_1、B_2 级的保温材料时，应符合下列规定：

（1）除采用 B_1 级保温材料且建筑高度不大于 24m 的公共建筑或采用 B_1 级保温材料且建筑高度不大于 27m 的住宅建筑外，建筑外墙上门、窗的耐火完整性不应低于 0.50h。

（2）应在保温系统中每层设置水平防火隔离带。防火隔离带应采用燃烧性能为 A 级的材料，防火隔离带的高度不应小于 300mm。

《防火规范》6.7.7

9. 建筑的外墙外保温系统应采用不燃材料在其表面设置防护层，防护层应将保温材料完全包覆。除本规范第 6.7.3 条规定的情况外，当按本节规定采用 B_1、B_2 级保温材料时，防护层厚度首层不应小于 15mm，其他层不应小于 5mm。

《防火规范》6.7.8

10. 建筑外墙外保温系统与基层墙体、装饰层之间的空腔，应在每层楼板处采用防火封堵材料封堵。

《防火规范》6.7.9

［编者注释：

建筑外墙外保温及外装修防火设计宜执行《防火规范》规定，北京市地方标准《民用建筑外保温防火设计规程》规定供参考。］

3.3.2 屋顶

1. 对于屋顶基层采用耐火极限不小于 1.00h 的不燃烧体的建筑，其屋顶的保温材料不应低于 B_2 级；其他情况，保温材料的燃烧性能不应低于 B_1 级。

屋顶与外墙交界处、屋顶开口部位四周的保温层，应采用宽度不小于 500mm 的 A 级保温材料设置水平防火隔离带。

屋顶防水层或可燃保温层应采用不燃材料进行覆盖。

《公通字［2009］46 号文》

2. 建筑的屋面外保温系统，当屋面板的耐火极限不低于 1.00h 时，保温材料的燃烧性能不应低于 B_2 级；当屋面板的耐火极限低于 1.00h 时，不应低于 B_1 级。采用 B_1、B_2 级保温材料的外保温系统应采用不燃材料作防护层，防护层的厚度不应小于 10mm。

当建筑的屋面和外墙外保温系统均采用 B_1、B_2 级保温材料时，屋面与外墙之间应采用宽度不小于 500mm 的不燃材料设置防火隔离带进行分隔。

《防火规范》6.7.10

4 总 平 面

4.1 建 筑 基 地

4.1.1 建筑物及其附属设施不得突出道路红线和基地边界线建造。不得突出物为：

1. 地下建筑物及其附属设施，包括结构挡土桩、挡土墙、地下室、地下室底板及其基础、化粪池及其他附属设施等；

2. 地上建筑物及其附属设施，包括门廊、阳台、室外楼梯、台阶、坡道、花池、围墙、平台、散水、明沟、地下室进排风口、地下室出入口、集水井、采光井、烟囱等；

3. 除基地内连接城市的管线、隧道、天桥等市政公共设施外的其他设施。

《通则》4.2.1

4.1.2 建筑基地宜与城市或镇、区道路相邻接，未邻接时，应设置连接道路并符合下列规定：

1. 建筑基地内建筑面积≤3000m^2 时，其连接道路宽度不应小于4m；

2. 建筑基地内建筑面积＞3000m^2 时，只设一条连接道路其宽度不应小于7m，有两条或两条以上连接道路时，单条连接道路宽度不应小于4m。

《通则》4.1.2

4.1.3 建筑基地机动车出入口位置应符合所在地控制性详细规划的规定并满足下列要求：

1. 城区人口规模超过50万的城镇，其主干路交叉口的距离自道路红线交叉点起至开口最近边缘不应小于70m；

2. 距人行横道、人行天桥、人行地道（包括引道、引桥）的最近边缘线不应小于5m；

3. 距地铁出入口、公共交通站台边缘不应小于15m；

4. 距公园、学校及有儿童、残疾人使用建筑的出入口最近边缘不应小于20m。

《通则》4.1.5

4.1.4 建筑基地地面高程应符合下列规定：

1. 建筑基地地面高程应依据详细规划确定的控制标高进行设计；

2. 建筑基地地面高程应与相邻基地标高相协调，不妨碍相邻基地雨水排放；

3. 建筑基地地面高程的设计应兼顾场地雨水的归集与排放；

4. 面积较大、地形较复杂的基地、建筑布局应合理利用地形，减少土石方工程量，并使填挖方量接近平衡。

《通则》5.3.1；4.1.3

4.1.5 建筑基地内建筑物与相邻建筑基地及其建筑的关系应符合下列规定：

1. 建筑基地内建筑物与相邻建筑基地之间应按建筑防火等要求留出空地或道路；

2. 建筑基地内建筑与相邻建筑基地建筑物各自前后皆留有空地或道路并符合防火规范有关规定时，相邻建筑基地边界两边的建筑可毗连建造；

3. 建筑基地内建筑物和构筑物均不得影响本建筑基地或其他建筑基地建筑的日照和采光标准；

4. 紧贴建筑基地用地边界建造的建筑物，不得向相邻建筑基地方向设洞口、门、外平开窗、阳台、挑檐、空调室外机、废气排出口及排泄雨水。

《通则》4.1.4

4.1.6 大型、特大型文化、体育、娱乐康体、商业、商务设施以及交通枢纽等人员密集的建筑基地应符合下列规定：

1. 建筑基地与城市道路邻接的总长度不应小于建筑基地周长的 1/6；

2. 建筑基地应至少有两个通向不同方向城市道路的出口（包括连接道路）；

3. 建筑基地或建筑物的主要出入口不得直接连城市快速道路，也不应设置在主干路交叉口；

4. 建筑物主要出入口前应设置人员集散场地，其面积和长宽尺寸应根据使用性质和人数确定；

5. 绿化和停车场布置不应影响人员集散地的使用，且不宜设置围墙、大门等障碍物。

《通则》4.1.6

本条所指文化设施一般应包括：公共图书馆、博物馆、美术馆、展览馆、会展中心及文化活动中心、文化馆、青少年宫、儿童活动中心、老年活动中心等设施；体育设施应包括：体育场馆、游泳场馆、各类球场等公共体育设施；娱乐康体设施应包括：剧院、音乐厅、电影院、溜冰场等设施。

《通则》4.1.6条文说明

4.2 道路、停车场（库）及消防救援场地

4.2.1 道路设置规定

1. 建筑基地道路设计应符合下列规定：

（1）单车道路宽不应小于 4m；居住区双车道路宽不应小于 6m，其他建筑基地双车道宽不应小于 7m；

（2）人行道路宽度不应小于 1.50m；人行道在交叉路口、街坊路口、广场入口处应设缘石坡道（坡宽应大于 1.20m，坡度应小于 1：20）；

（3）利用道路边停车位时，单车道道路宽度不应小于 5.50m；

（4）道路转弯半径不宜小于 3.0m，消防车道应满足消防车最小转弯半径要求；

（5）尽端式道路长度大于 120m 时，应在尽端设置不小于 12m×12m 的回车场地。

《通则》5.2.2

2. 居住区内道路可分为：居住区道路、小区路、组团路和宅间小路。

（1）居住区道路，红线宽度不宜小于 20m；

（2）小区路：路面宽 6m～9m，建筑控制线之间的宽度，需敷设供热管线的不宜小于 14m；无供热管线的不宜小于 10m；

（3）组团路：路面宽 3m～5m，建筑控制线之间的宽度，需敷设供热管线的不宜小于 10m；无供热管线的不宜小于 8m；

（4）宅间小路：路面宽度不宜小于 2.5m。

《城市居住区规划设计规范》8.0.2

3. 基地场地、道路坡度：

（1）各种场地适用坡度（％）：

密实性地面和广场	0.3～3.0
广场兼停车场	0.2～0.5
室外儿童游戏场	0.3～2.5
室外运动场	0.2～0.5
室外杂用场地	0.3～2.9
绿地	0.5～1.0
湿陷性土地面	0.5～7.0

《城市居住区规划设计规范》9.0.2.2

当自然地形坡度大于 8％时，地面应分成台地，台地连接处应设挡土墙或护坡。

《通则》5.3.1.1；

《城市居住区规划设计规范》9.0.3

43

（2）道路纵坡（见表 4-1）

道路纵坡控制指标（％）　　　　表 4-1

道 路 类 别	最 小 纵 坡	最 大 纵 坡	多雪严寒地区最大纵坡
机动车道	≥0.2	≤8.0 L≤200m	≤5.0 L≤600m
非机动车道	≥0.2	≤3.0 L≤50m	≤2.0 L≤100m
步行道	≥0.2	≤8.0	≤4.0

注：L 为坡长（m）。

《城市居住区规划设计规范》8.0.3；

4. 居住区道路设置应符合下列规定：

（1）小区内主要道路至少应有两个出入口；居住内主要道路至少应有两个方向与外围道路相连；机动车道对外出入口间距不应小于 150m。沿街建筑物长度超过 150m 时，应设不小于（宽×高）4m×4m 的消防车通道。人行出口间距不宜超过 80m，当建筑物长度超过 80m 时，应在底层加设人行通道。

（2）居住区内道路与城市道路相接时，其交角不宜小于 75°。当居住区内道路坡度较大时，应设缓冲段与城市道路相接。

《城市居住区规划设计规范》8.0.5

（3）居住区内道路边缘至建筑物与构筑物间的最小距离见表 4-2。

道路边缘至建、构筑物最小距离（m）　　　表 4-2

道路级别 与建、构筑物关系			居住区道路	小区路	组团路及宅间小路
建筑物面向道路	无出入口	高层	5.0	3.0	2.0
		多层	3.0	3.0	2.0
	有出入口		—	5.0	2.5
建筑物山墙面向道路		高层	4.0	2.0	1.5
		多层	2.0	2.0	1.5
围墙面向道路			1.5		

《城市居住区规划设计规范》8.0.5.8

44

5. 消防车道设置规定：

（1）街区内的道路应考虑消防车的通行，道路中心线间的距离不宜大于 160m。

当建筑物沿街道部分的长度大于 150m 或总长度大于 220m 时，应设置穿过建筑物的消防车道。确有困难时，应设置环形消防车道。

《防火规范》7.1.1

（2）高层民用建筑，超过 3000 个座位的体育馆，超过 2000 个座位的会堂，占地面积大于 3000m² 的商店建筑、展览建筑等单、多层公共建筑应设置环形消防车道，确有困难时，可沿建筑的两个长边设置消防车道；高层住宅建筑和山坡地或河道边临空建造的高层民用建筑，可沿建筑的一个长边设置消防车道，但该长边所在建筑立面应为消防车登高操作面。

《防火规范》7.1.2

（3）工厂、仓库区内应设置消防车道。

高层厂房，占地面积大于 3000m² 的甲、乙、丙类厂房和占地面积大于 1500m² 的乙、丙类仓库，应设置环形消防车道，确有困难时，应沿建筑物的两个长边设置消防车道。

《防火规范》7.1.3

（4）有封闭内院或天井的建筑物，当内院或天井的短边长度大于 24m 时，宜设置进入内院或天井的消防车道；当该建筑物沿街时，应设置连通街道和内院的人行通道（可利用楼梯间），其间距不宜大于 80m。

《防火规范》7.1.4

（5）消防车道应符合下列要求：

①车道的净宽度和净空高度均不应小于 4.0m；

②转弯半径应满足消防车转弯的要求；

③消防车道与建筑之间不应设置妨碍消防车操作的树木、架空管线等障碍物；

④消防车道靠建筑外墙一侧的边缘距离建筑外墙不宜小于 5m；

⑤消防车道的坡度不宜大于8%。

《防火规范》7.1.8

（6）环形消防车道至少应有两处与其他车道连通。尽头式消防车道应设置回车道或回车场，回车场的面积不应小于12m×12m；对于高层建筑，不宜小于15m×15m；供重型消防车使用时，不宜小于18m×18m。

《防火规范》7.1.9

4.2.2　消防救援场地

1. 高层建筑应至少沿一个长边或周边长度的1/4且不小于一个长边长度的底边连续布置消防车登高操作场地，该范围内的裙房进深不应大于4m。

建筑高度不大于50m的建筑，连续布置消防车登高操作场地确有困难时，可间隔布置，但间隔距离不宜大于30m，且消防车登高操作场地的总长度仍应符合上述规定。

2. 消防车登高操作场地应符合下列规定：

（1）场地与厂房、仓库、民用建筑之间不应设置妨碍消防车操作的树木、架空管线等障碍物和车库出入口；

（2）场地的长度和宽度分别不应小于15m和10m。对于建筑高度不小于50m的建筑，场地的长度和宽度分别不应小于20m和10m；

（3）场地及其下面的建筑结构、管道和暗沟等，应能承受重型消防车的压力；

（4）场地应与消防车道连通，场地靠建筑外墙一侧的边缘距离建筑外墙不宜小于5m，且不应大于10m，场地的坡度不宜大于3%。

3. 建筑物与消防车登高操作场地相对应的范围内，应设置直通室外的楼梯或直通楼梯间的入口。

《防火规范》7.2

4.2.3　停车场（库）

1. 露天停车场的占地面积：小型汽车25m²/车位；自行车1.2m²/车位。

停车库的建筑面积：小型汽车 40m²/车位；自行车 1.8m²/车位。

机动车停车位按照小型汽车停车位数计算。

小型汽车停车设计参数如下：

	垂直于通道方向车位长度（m）	平行于通道方向车位长度（m）	通道宽（m）	单车面积（m²）
平行前进停车	2.8	7.0	4.0	33.6
30°前进停车	4.2	5.6	4.0	34.7
45°前进停车	5.2	4.0	4.0	28.8
60°前进停车	5.9	3.2	5.0	26.9
60°后退停车	5.9	3.2	4.5	26.1
垂直后退停车	6.0	2.8	6.0	25.2

新建、扩建的居住区应就近设置停车场（库），或将停车库附建在住宅建筑内。其停车位数量应符合有关规定。

以上摘自《495 号文》

2. 大型公共建筑及住宅停车位（以小型车为计算标准）见表 4-3。

大型公共建筑及住宅停车位（个）　　　　表 4-3

建筑类别		计算单位	机动车停车位	非机动车停车位		备注
				内	外	
宾馆	一类	每套客房	0.6	0.75	—	一级
	二类		0.4		—	二、三级
	三类		0.3		0.25	四级（一般招待所）
餐饮	建筑面积≤1000m²	每1000m²	7.5	0.5	—	—
	建筑面积>1000m²		1.2	0.5	0.25	—
办公		每1000m²	6.5	1.0	0.75	证券、银行、营业场所
商业	一类（建筑面积>10000m²）	每1000m²	6.5	7.5	12	—
	二类（建筑面积<10000m²）		4.5			—

建筑类别		计算单位	机动车停车位	非机动车停车位		备注
				内	外	
购物中心（超市）		每1000m²	10	7.5	12	—
医院	市级	每1000m²	6.5	—	—	
	区级		4.5			
展览馆		每1000m²	7.0	7.5	1.0	图书馆、博物馆参考执行
电影院		每100座	3.5	3.5	7.5	—
剧院		每100座	10	3.5	7.5	—
体育场馆	体育场＞15000座 体育馆＞4000座	每100座	4.2	45		—
	体育场＜15000座 体育馆＜4000座		2.0	45		—
娱乐性体育设施		每100座	10	—		
住宅	中高档商品住宅	每户	1.0			包括公寓
	高档别墅		1.3	—		
	普通住宅		0.5			包括经济适用房
中、小学校		每100学生	0.5	中学80—100		设校车停车位
幼儿园			0.7			

《技术措施》表4.5.1-2

4.3 建 筑 间 距

4.3.1 日照间距

（未注明者均摘自88城规发字第225号文）

1. 生活居住建筑：4层或4层以上的生活居住建筑采用日照间距系数确定其间距。生活居住建筑包括居住建筑（居民住宅、公寓等）和公共建筑（托儿所、幼儿园、中小学、医疗病房、集体宿舍、招待所、旅馆、影剧院）。

两栋 4 层或 4 层以上的生活居住建筑（至少一栋为居住建筑）的间距当采用规定的建筑间距系数后仍小于以下距离时，按下列规定执行（见图4-1）：

（1）两长边相对时：≥18m；

（2）两短边相对时：≥10m；

（3）一长边对一短边：≥12m；

（4）间距符合本规定，但小于防火间距的规定时，按有关消防规定执行。

2. 板式居住建筑：板式居住建筑群体布置时，间距系数如下：

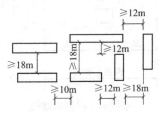

图 4-1　生活居住建筑间距

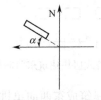

图 4-2　建筑朝向

建筑朝向与 正南夹角(α)	0°～20°	20°～60°	60°以上
新建工程	1.7	1.4	1.5
改建工程	1.6	1.4	1.5

注：①京政发〔1994〕11 号文第二条：新建、改建多层住宅间距系数
　　　均按 1.6 控制；

　　②市规发〔2003〕495 号文规定：如按上述间距系数计算后建筑

间距大于 50m 时，可按 50m 控制建筑间距。

3. 塔式居住建筑：

（1）单栋塔式居住建筑两侧无遮挡时，与其他居住建筑间距系数≥1.0。

注：市规发〔2003〕495号文规定：

①在正南北向按照 1.0 间距系数计算后建筑间距大于 120m 时，可按 120m 控制建筑间距；

②两侧无遮挡系指图 4-3 所示范围。

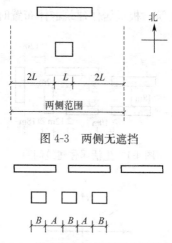

图 4-3　两侧无遮挡

图 4-4　塔式居住建筑东西向单排布置

（2）多栋塔式居住建筑成东西向单排布置时，与被其遮挡阳光的板式居住建筑的间距按以下规定执行：

相邻塔式居住建筑的间距（A）小于单栋塔式居住建筑的长度（B）时（见图 4-4），塔式居住建筑长高比的长度应按各塔长度和间距之和计算，并按不同长高比采用不得小于下列规定的间距系数值：

遮挡阳光建筑群的长高比	1.0 以下	1.0～2.0	2.0～2.5	2.5 以上
新建区	1.0	1.2	1.5	1.7
改建区	1.0	1.2	1.5	1.6

注：市规发［2003］495号文规定：

①长高比大于1且小于2的单栋建筑与其北侧居住建筑的间距可按上述规定执行；

②在正南北向按照相应间距系数计算后，建筑间距大于120m时，可按120m控制建筑间距。

4. 塔式、板式建筑遮挡公建时的间距系数：

（1）板式建筑遮挡中小学、托幼及病房楼等公建时、间距系数规定如下：

夹角	0～20°	20°～60°	60°以上
间距系数	1.9	1.6	1.8

注：市规发［2003］495号文规定：塔式建筑与中小学教室、托幼活动室及医疗病房等建筑的间距系数由城市规划行政主管部门确定，即若能保证上述建筑在冬至日有2h日照情况下，可采用小于上表的间距系数，但不得小于关于塔式居住建筑间距系数的规定。

（2）板式建筑遮挡办公楼、集体宿舍、招待所及旅馆时，间距系数≥1.3；塔式建筑遮挡上述建筑时按3.2.1.3条执行。

注：市规发［2003］495号文规定此条款建筑间距系数不得小于1.3。

5. 其他：

（1）下列建筑被遮挡阳光时由市规划管理部门处理：

2层以下的办公楼、集体宿舍、招待所、旅馆；

商业、服务、影剧院、公共设施；

属同一单位的办公楼、集体宿舍、招待所、旅馆；

四层或四层以上的生活居住建筑与三层或三层以下的生活居住建筑之间的间距。

（2）其他建筑遮挡居住建筑时按居住建筑间距系数规定执行。

［编者注释：

以上规定适用于北京地区有日照要求的民用建筑。其他省市、地区应按所在气候分区满足有关日照标准的要求。如当地规划主管部门对日照间距系数有具体规定，应按当地规定执行。］

4.3.2 防火间距

1. 民用建筑防火间距（见表4-4）：

民用建筑的防火间距（m） 表4-4

防火间距(m)　建筑类别 建筑类别		高层民用建筑	裙房和其他民用建筑		
		一、二级	一、二级	三级	四级
高层民用建筑	一、二级	13	9	11	14
裙房和其他 民用建筑	一、二级	9	6	7	9
	三级	11	7	8	10
	四级	14	9	10	12

注：①相邻两座单、多层建筑，当相邻外墙为不燃性墙体且无外露的可燃性屋檐，每面外墙上无防火保护的门、窗、洞口不正对开设且该门、窗、洞口的面积之和不大于外墙面积的5%时，其防火间距可按本表的规定减少25%。

②两座建筑相邻较高一面外墙为防火墙，或高出相邻较低一座一、二级耐火等级建筑的屋面15m及以下范围内的外墙为防火墙时，其防火间距不限。

③相邻两座高度相同的一、二级耐火等级建筑中相邻任一侧外墙为防火墙，屋面板的耐火极限不低于1.00h时，其防火间距不限。

④相邻两座建筑中较低一座建筑的耐火等级不低于二级，相邻较低一面外墙为防火墙且屋顶无天窗，屋面板的耐火极限不低于1.00h时，其防火间距不应小于3.5m；对于高层建筑，不应小于4m。

⑤相邻两座建筑中较低一座建筑的耐火等级不低于二级且屋顶无天窗，相邻较高一面外墙高出较低一座建筑的屋面15m及以下范围内的开口部位设置甲级防火门、窗，或设置符合现行国家标准《自动喷水灭火系统设计规范》GB 50084规定的防火分隔水幕或本规范第6.5.3条规定的防火卷帘时，其防火间距不应小于3.5m；对于高层建筑，不应小于4m。

⑥相邻建筑通过连廊、天桥或底部的建筑物等连接时，其间距不应小于本表的规定。

⑦耐火等级低于四级的既有建筑，其耐火等级可按四级确定。

《防火规范》5.2.2

52

（1）除高层民用建筑外，数座一、二级耐火等级的住宅建筑或办公建筑，当建筑物的占地面积总和不大于 2500m² 时，可成组布置，但组内建筑物之间的间距不宜小于 4m。组与组或组与相邻建筑物的防火间距不应小于本规范 5.2.2 条的规定。

《防火规范》5.2.4

（2）建筑高度大于 100m 的民用建筑与相邻建筑的防火间距，当符合本规范第 3.4.5 条、3.5.3 条、4.2.1 条和第 5.2.2 条允许减小的条件时，仍不应减小。

《防火规范》5.2.6

（3）建筑物之间的防火间距应按相邻建筑外墙的最近水平距离计算，当外墙有凸出的可燃或难燃构件时，应从其凸出部分外缘算起。

《防火规范》B.0.1

（4）建筑屋顶上的开口与邻近建筑或设施之间，应采取防止火灾蔓延的措施。

《防火规范》6.3.7

〔编者注释：

《防火规范》6.3.7 条文说明中标示，防止屋顶开口火灾蔓延的措施包括：

（1）设置防火采光顶；

（2）临近开口一侧的建筑外墙采用防火墙或将开口布置在距高于屋面的邻近建筑外墙不小于 6m 之处。〕

2. 厂房防火间距规定（见表 4-5）：

厂房之间及与乙、丙、丁、戊类仓库、民用建筑等的防火间距（m）

表 4-5

名称			甲类厂房	乙类厂房（仓库）			丙、丁、戊类厂房（仓库）				民用建筑				
			单、多层	单、多层		高层	单、多层			高层	裙房、单、多层			高层	
			一、二级	一、二级	三级	一、二级	一、二级	三级	四级	一、二级	一、二级	三级	四级	一类	二类
甲类厂房	单、多层	一、二级	12	12	14	13	12	14	16	13	25			50	
乙类厂房	单、多层	一、二级	12	10	12	13	10	12	14	13					
	单、多层	三级	14	12	14	15	12	14	16	15					
	高层	一、二级	13	13	15	13	13	15	17	13					
丙类厂房	单、多层	一、二级	12	10	12	13	10	12	14	13	10	12	14	20	15
	单、多层	三级	14	12	14	15	12	14	16	15	12	14	16	25	20
	单、多层	四级	16	14	16	17	14	16	18	17	14	16	18		
	高层	一、二级	13	13	15	13	13	15	17	13	13	15	17	20	15
丁、戊类厂房	单、多层	一、二级	12	10	12	13	10	12	14	13	10	12	14	15	13
	单、多层	三级	14	12	14	15	12	14	16	15	12	14	16	18	15
	单、多层	四级	16	14	16	17	14	16	18	17	14	16	18		
	高层	一、二级	13	13	15	13	13	15	17	13	13	15	17	15	13

续表

名称		甲类厂房	乙类厂房（仓库）		丙、丁、戊类厂房（仓库）				民用建筑				
		单、多层	单、多层	高层	单、多层			高层	裙房，单、多层			高层	
		一、二级	一、二级	一、二级	一、二级	三级	四级	一、二级	一、二级	三级	四级	一类	二类
室外变配电站 变压器总油量(t)	≥5,≤10	25	25	25	12	15	20	12	15	20	25	20	20
	>10,≤50	25	25	25	15	20	25	15	20	25	30	25	25
	>50	30	25	25	20	25	30	20	25	30	35	30	30

注：①甲、乙类厂房与重要公共建筑的防火间距不宜小于50m；与明火或散发火花地点，不宜小于30m。单、多层戊类厂房之间及与戊类仓库的防火间距可按本表规定减少2m，与民用建筑的防火间距可将戊类厂房等同民用建筑按本规范第5.2.2条的规定执行。为丙、丁、戊类厂房服务而单独设置的生活用房应按民用建筑确定，与所属厂房的防火间距不应小于6m。必需相邻布置时，应符合本表注2、3的规定。

②两座厂房相邻较高一面外墙为防火墙时，其防火间距不限，但甲类厂房之间不应小于4m。两座丙、丁、戊类厂房相邻两面外墙均为不燃性墙体，当无外露的可燃性屋檐，每面外墙上的门、窗、洞口面积之和各不大于外墙面积的5%，且门、窗、洞口不正对开设时，其防火间距可按本表规定减少25%。甲、乙类厂房（仓库）不应与本规范第3.3.5条规定外的其他建筑贴邻。

③两座一、二级耐火等级的厂房，当相邻较低一面外墙为防火墙且较低一座厂房的屋顶无天窗、屋顶的耐火极限不低于1.00h，或相邻较高一面外墙的门、窗等开口部位设置甲级防火门、窗或防火卷帘时，甲、乙、丙类厂房之间的防火间距不应小于6m；丙、丁、戊类厂房之间的防火间距不应小于4m。

④发电厂内的主变压器，其油量可按单台确定。

⑤耐火等级低于四级的既有厂房，其耐火等级可按四级确定。

《防火规范》3.4.1

3. 仓库防火间距规定：

（1）甲类仓库防火间距见表 4-6。

甲类仓库之间及与其他建筑、明火或散火花地点、

铁路、道路等的防火间距（m）   表 4-6

名　称		甲类仓库（储量，t）			
		甲类储存物品 第 3、4 项		甲类储存物品 第 1、2、5、6 项	
		≤5	>5	≤10	>10
高层民用建筑、重要公共建筑		50			
裙房、其他民用建筑、明火或散发火花地点		30	40	25	30
甲类仓库		20	20	20	20
厂房和乙、丙、丁、戊类仓库	一、二级	15	20	12	15
	三级	20	25	15	20
	四级	25	30	20	25
电力系统电压为 35kV～500kV 且每台变压器容量不小于 10MV·A 的室外变、配电站，工业企业的变压器总油量大于 5t 的室外降压变电站		30	40	25	30
厂外铁路线中心线		40			
厂内铁路线中心线		30			
厂外道路路边		20			
厂内道路路边	主要	10			
	次要	5			

注：甲类仓库之间的防火间距，当第 3、4 项物品储量不大于 2t，第 1、2、5、6 项物品储量不大于 5t 时，不应小于 12m，甲类仓库与高层仓库的防火间距不应小于 13m。

《防火规范》3.5.1

（2）除本规范另有规定外，乙、丙、丁、戊类仓库之间及与民用建筑的防火间距，不应小于表 4-7 的规定。

56

乙、丙、丁、戊类仓库之间及与民用建筑的防火间距（m）　　表 4-7

名　　称			乙类仓库			丙类仓库				丁、戊类仓库			
			单、多层		高层	单、多层			高层	单、多层			高层
			一、二级	三级	一、二级	一、二级	三级	四级	一、二级	一、二级	三级	四级	一、二级
乙、丙、丁、戊类仓库	单、多层	一、二级	10	12	13	10	12	14	13	10	12	14	13
		三级	12	14	15	12	14	16	15	12	14	16	15
		四级	14	16	17	14	16	18	17	14	16	18	17
	高层	一、二级	13	15	13	13	15	17	13	13	15	17	13
民用建筑	裙房、单、多层	一、二级	25			10	12	14	13	10	12	14	13
		三级	25			12	14	16	15	12	14	16	15
		四级	25			14	16	18	17	14	16	18	17
	高层	一类	50			20	25	25	20	15	18	18	15
		二类	50			15	20	20	15	13	15	15	13

注：①单、多层戊类仓库之间的防火间距，可按本表的规定减少 2m。

②两座仓库的相邻外墙均为防火墙时，防火间距可以减小，但丙类仓库，不应小于 6m；丁、戊类仓库，不应小于 4m。两座仓库相邻较高一面外墙为防火墙，且总占地面积不大于本规范第 3.3.2 条一座仓库的最大允许占地面积规定时，其防火间距不限。

③除乙类第 6 项物品外的乙类仓库，与民用建筑的防火间距不宜小于 25m，与重要公共建筑的防火间距不应小于 50m，与铁路、道路等的防火间距不宜小于表 4-6 中甲类仓库与铁路、道路等的防火间距。

《防火规范》3.5.2

4. 汽车库、修车库、停车场防火间距规定（表 4-8）：

汽车库、修车库、停车场与除甲类物品

仓库外的其他建筑的防火间距（m）　　　　表 4-8

名称和耐火等级	汽车库、修车库		民用建筑、厂房、仓库		
	一、二级	三级	一、二级	三级	四级
一、二级汽车库、修车库	10	12	10	12	14
三级汽车库、修车库	12	14	12	14	16
停车场	6	8	6	8	10

注：高层汽车库与其他建筑物及汽车库、修车库与高层建筑的防火间距应增加3m；汽车库、修车库与甲类厂房的防火间距应按表列增加2m。

《汽车库防规》4.2.1

（1）停车场的汽车宜分组停放，每组的停车数量不宜大于50 辆，组之间的防火间距不应小于6m。

《汽车库防规》4.2.10

（2）屋面停车区域与建筑其他部分或相邻其他建筑物的防火间距，应按地面停车场与建筑的防火间距确定。

《汽车库防规》4.2.11

5. 燃气调压站与建筑物、构筑物的防火间距规定见表 4-9。

调压站（含调压柜）与其他建筑物、

构筑物水平净距（m）　　　　表 4-9

设置形式	调压装置入口燃气压力级制	建筑物外墙面	重要公共建筑、一类高层民用建筑	铁路（中心线）	城镇道路	公共电力变配电柜
地上单独建筑	高压（A）	18.0	30.0	25.0	5.0	6.0
	高压（B）	13.0	25.0	20.0	4.0	6.0
	次高压（A）	9.0	18.0	15.0	3.0	4.0
	次高压（B）	6.0	12.0	10.0	3.0	4.0
	中压（A）	6.0	12.0	10.0	2.0	4.0
	中压（B）	6.0	12.0	10.0	2.0	4.0

设置形式	调压装置入口燃气压力级制	建筑物外墙面	重要公共建筑、一类高层民用建筑	铁路（中心线）	城镇道路	公共电力变配电柜
调压柜	次高压(A)	7.0	14.0	12.0	2.0	4.0
	次高压(B)	4.0	8.0	8.0	2.0	4.0
	中压(A)	4.0	8.0	8.0	1.0	4.0
	中压(B)	4.0	8.0	8.0	1.0	4.0
地下单独建筑	中压(A)	3.0	6.0	6.0	—	3.0
	中压(B)	3.0	6.0	6.0	—	3.0
地下调压箱	中压(A)	3.0	6.0	6.0	—	3.0
	中压(B)	3.0	6.0	6.0	—	3.0

注：①当调压装置露天设置时，则指距离装置的边缘。

②当建筑物（含重要公共建筑物）的某外墙为无门、窗洞口的实体墙，且建筑物耐火等级不低于二级时，燃气进口压力级别为中压（A）或中压（B）的调压柜一侧或两侧（非平行），可贴靠上述外墙设置。

③当达不到上表净距要求时，采取有效措施，可适用缩小净距。

《城镇燃气设计规范》6.6.3

6. 汽车加油站、加气站防火间距规定见表 4-10。

油罐、加油机和通气管管口与站外建、   表 4-10
构筑物的防火距离（m）

项　目 级　别		埋地油罐			通气管管口	加油机
		一级站	二级站	三级站		
重要公共建筑物		50	50	50	50	50
明火或散发火花地点		30	25	18	18	18
民用建筑物保护类别	一类保护物	25	20	16	16	16
	二类保护物	20	16	12	12	12
	三类保护物	16	12	10	10	10
甲、乙类物品生产厂房、库房和甲、乙类液体储罐		25	22	18	18	18

级 别 项 目	埋地油罐			通气管 管口	加油机
	一级站	二级站	三级站		
其他类物品生产厂房、库房和丙类液体储罐以及容积不大于50m³的埋地甲、乙类液体储罐	18	16	15	15	15
室外变配电站	25	22	18	18	18
铁路	22	22	22	22	22
城市道路 快速路、主干路	10	8	8	8	6
城市道路 次干路、支路	8	6	6	6	5
架空通信线 国家一、二级	1.5倍杆高	1倍杆高	不应跨越加油站	不应跨越加油站	
架空通信线 一般	不应跨越加油站	不应跨越加油站	不应跨越加油站	不应跨越加油站	
架空电力线路	1.5倍杆高	1倍杆高	不应跨越加油站	不应跨越加油站	

注：①明火或散发火花地点和甲、乙类物品及甲、乙类液体的定义应符合现行国家标准《建筑设计防火规范》的规定。

②重要公共建筑物及其他民用建筑物保护类别划分应符合本规范附录C的规定。

③对柴油罐及其通气管管口和柴油加油机，本表的距离可减少30%。

④对汽油罐及其通气管管口，若设有卸油油气回收系统，本表的距离可减少20%；当同时设置卸油和加油油气回收系统时，本表的距离可减少30%，但均不得小于5m。

⑤油罐、加油机与站外小于或等于1000kV·A箱式变压器、杆装变压器的防火距离，可按本表的室外变配电站防火距离减少20%。

⑥油罐、加油机与郊区公路的防火距离按城市道路确定：高速公路、Ⅰ级和Ⅱ级公路按城市快速路、主干路确定，Ⅲ级和Ⅳ级公路按照城市次干路、支路确定。

《汽车加油、加气站设计与施工规范》4.0.4；4.0.5

7. 变电站、锅炉房与民用建筑的防火间距规定：

民用建筑与单独建造的变电站的防火间距应符合本规范第3.4.1条有关室外变、配电站的规定，但与单独建造的终端变电站的防火间距，可根据变电站的耐火等级按本规范第 5.2.2 条有关民用建筑的规定确定。

民用建筑与 10kV 及以下的预装式变电站的防火间距不应小于 3m。

民用建筑与燃油、燃气或燃煤锅炉房的防火间距应符合本规范第 3.4.1 条有关丁类厂房的规定，但与单台蒸汽锅炉的蒸发量不大于 4t/h 或单台热水锅炉的额定热功率不大于 2.8MW 的燃煤锅炉房的防火间距，可根据锅炉房的耐火等级按本规范第 5.2.2 条有关民用建筑的规定确定。

《防火规范》5.2.3

8. 液化石油气瓶、丙类液体燃料储罐防火间距规定：

供建筑内使用的丙类液体燃料，其储罐应布置在建筑外，并应符合下列规定：

（1）当总容量不大于 15m³，且直埋于建筑附近、面向油罐一面 4.0m 范围内的建筑外墙为防火墙时，储罐与建筑的防火间距不限；

（2）当总容量大于 15m³ 时，储罐的布置应符合本规范第 4.2 节的规定；

（3）当设置中间罐时，中间罐的容量不应大于 1m³，并应设置在一、二级耐火等级的单独房间内，房间门应采用甲级防火门。

《防火规范》5.4.14

高层民用建筑内使用可燃气体燃料时，应采用管道供气。使用可燃气体的房间或部位宜靠外墙设置，并应符合现行国家标准《城镇燃气设计规范》GB 50028 的规定。

《防火规范》5.4.16

建筑采用瓶装液化石油气瓶组供气时，应符合下列规定：

（1）应设置独立的瓶组间；

（2）瓶组间不应与住宅建筑、重要公共建筑和其他高层公共建筑贴邻，液化石油气气瓶的总容积不大于 1m³ 的瓶组间与所

61

服务的其他建筑贴邻时，应采用自然气化方式供气；

（3）液化石油气气瓶的总容积大于 $1m^3$、不大于 $4m^3$ 的独立瓶组间，与所服务建筑的防火间距应符合表 4-11 的规定；

液化石油气气瓶的独立瓶组间与　　　　　表 4-11
所服务建筑的防火间距（m）

名　称		液化石油气气瓶的独立瓶组间的总容积 V（m^3）	
		$V \leqslant 2$	$2 < V \leqslant 4$
明火或散发火花地点		25	30
重要公共建筑、一类高层民用建筑		15	20
裙房和其他民用建筑		8	10
道路（路边）	主要	10	
	次要	5	

注：气瓶总容积应按配置气瓶个数与单瓶几何容积的乘积计算。

（4）在瓶组间的总出气管道上应设置紧急事故自动切断阀；

（5）瓶组间应设置可燃气体浓度报警装置；

（6）其他防火要求应符合现行国家标准《城镇燃气设计规范》GB 50028 的规定。

《防火规范》5.4.17

9. 木结构建筑防火间距规定见表 4-12。

民用木结构建筑之间及其与其他民用建筑的防火间距（m）　表 4-12

建筑耐火等级或类别	一、二级	三级	木结构建筑	四级
木结构建筑	8	9	10	11

注：①两座木结构建筑之间或木结构建筑与其他民用建筑之间，外墙均无任何门、窗、洞口时，防火间距可为 4m；外墙上的门、窗、洞口不正对且开口面积之和不大于外墙面积的 10% 时，防火间距可按本表的规定减少 25%。

②当相邻建筑外墙有一面为防火墙，或建筑物之间设置防火墙且墙体截断不燃性屋面或高出难燃性、可燃性屋面不低于 0.5m 时，防火间距不限。

《防火规范》11.0.10

10. 人防工程防火间距规定见表4-13。

人防工程采光窗井与相邻地面

表 4-13

建筑的最小防火间距（m）

防火间距 人防工程类别	民用建筑			丙、丁、戊类厂房、库房			高层民用建筑		甲、乙类厂房、库房
	一、二级	三级	四级	一、二级	三级	四级	主体	附属	—
丙、丁、戊类生产车间、物品库房	10	12	14	10	12	14	13	6	25
其他人防工程	6	7	9	10	12	14	13	6	25

注：①防火间距按人防工程有窗外墙与相邻地面建筑外墙的最近距离计算。

②当相邻的地面建筑物外墙为防火墙时，其防火间距不限。

《人防防规》3.2.2

防空地下室距甲、乙类易燃易爆生产厂房、库房的距离应不小于50m，距有害液体、重毒气体贮罐间距应不小于100m。

《人防设计规范》3.1.3

4.4 其他建筑间距规定

4.4.1 建筑物与市政管线间距

工程管线与建（构）筑物之间的最小水平净距（m）

表 4-14

名称	管沟	电力管线	雨水管污水管	直埋热力管	给水管	
					$d \leqslant 200mm$	$d > 200mm$
建（构）筑物	0.5	0.6	2.5	3.0	1.0	3.0
道路侧石边缘	1.5	1.5	1.5	1.5	1.5	1.5

《城市工程管线综合规划规范》4.1.9

4.4.2 城市高压走廊安全隔离带宽度规定（隔离带内不得设置任何建筑物）：

单杆单回水平排列、单杆多回垂直排列 35～500kV 高压架空电力线规划走廊宽度见表 4-15。

高压走廊宽度 表 4-15

电 压	35kV	110kV	220kV	500kV
高压走廊宽(m)	12～20	15～25	30～40	60～75

《495 号文》6.2.3

4.4.3 架空电力线边导线与建筑物间的安全距离见表 4-16（导线最大计算风偏状态）。

架空电力线边导线与建筑物间的安全距离 表 4-16

电 压	<1kV	1～10kV	35kV	110kV	220kV	500kV
安全距离(m)	1.0	1.5	3.0	4.0	5.0	8.5

《495 号文》6.2.3

4.4.4 厂（库）区围墙与厂（库）区内建筑的间距不宜小于 5m。围墙两侧的建筑之间亦应满足相应的防火间距要求。

《防火规范》3.5.5

4.4.5 住宅至道路边缘的最小间距

住宅至道路边缘的最小间距（m） 表 4-17

与住宅距离 \ 路面宽度			<6m	6～9m	>9m
住宅面向道路	无出入口	高层	2	3	5
		多层	2	3	3
	有出入口		2.5	5	—
住宅山墙面向道路	高层		1.5	2	4
	多层		1.5	2	2

注：①当道路设有人行便道时，其道路边缘指便道边线；
②表中"—"表示住宅不应向路面宽度大于 9m 的道路开设出入口。

《住宅建规》4.1.2

64

4.4.6 高度大于 2m 的挡土墙和护坡的上缘与住宅水平间距不应小于 3m，护坡下缘与住宅水平间距不应小于 2m。

《住宅建规》4.5.2

4.4.7 进风口和排风口设置规定

（1）地下车库的排风口应设于建筑物或进风口的下风位。排风口不应朝向邻近建筑物和公共活动场所。当排风口与人员活动场所间距小于 10m 时，朝向人员活动场所排风口底部距室外地坪高度应大于 2.50m。

《车库设计规范》3.2.8

（2）室外进风口宜设于排风口和排烟口上风位。进风口和排风口之间的水平距离不宜小于 10m。进风口与柴油机排烟口之间水平距离不宜小于 15m 或高差不小于 6m。

《人防设计规范》3.4.2

（3）机械送风，进风口下缘距地不宜小于 2m，设于绿化带时可不小于 1.0m。应避免进、排风短路。事故排风，排风口与机械进风的进风口之间水平距离不应小于 20m 或高差不小于 6m。

《暖通、空调设计规范》5.3.4；5.4.5

［编者注释：

在设计过程中，按规范要求正确设置进、排风口，防止进、排风短路常被忽视，以致造成一些明显的室内、室外环境问题应引起设计人注意。］

5 建筑的高度和层数计算、建筑层间分布及层高（室内净高）规定

5.1 建筑高度计算规定

5.1.1 建筑高度：建筑物室外地面到建筑物屋面、檐口或女儿墙的高度。

《民用建筑术语标准》2.4.27

建筑高度的计算根据日照、消防、旧城保护、航空净空限制等不同要求，略有差异。

《民用建筑术语标准》2.4.27 条文说明

5.1.2 建筑高度控制的计算应符合下列规定：

1. 特别控制区内建筑高度，应按建筑物室外地面至建筑物和构筑物最高点的高度计算，以绝对海拔高度控制。

2. 其他控制区内建筑高度：平屋顶应按建筑物室外地面至其屋面面层或女儿墙顶点的高度计算；坡屋顶应按建筑物室外地面至屋檐和屋脊的平均高度计算；下列突出物不计入建筑高度内：

①局部突出屋面的楼梯间、电梯机房、水箱间等辅助用房占屋顶平面面积不超过 1/4 者；

②突出屋面的通风道、烟囱、装饰构件、花架、通信设施等；

③空调冷却塔等设备。

《通则》4.4.2

5.1.3 建筑高度的计算应符合下列规定：

1. 建筑屋面为坡屋面时，建筑高度应为建筑室外设计地面

至其檐口与屋脊的平均高度；

2. 建筑屋面为平屋面（包括有女儿墙的平屋面）时，建筑高度应为建筑室外设计地面至其屋面面层的高度；

3. 同一座建筑有多种形式的屋面时，建筑高度应按上述方法分别计算后，取其中最大值；

4. 对于台阶式地坪，当位于不同高程地坪上的同一建筑之间有防火墙分隔，各自有符合规范规定的安全出口，且可沿建筑的两个长边设置贯通式或尽头式消防车道时，可分别计算各自的建筑高度。否则，应按其中建筑高度最大者确定该建筑的建筑高度；

5. 局部突出屋顶的瞭望塔、冷却塔、水箱间、微波天线间或设施、电梯机房、排风和排烟机房以及楼梯出口小间等辅助用房占屋面面积不大于 1/4 者，可不计入建筑高度；

6. 对于住宅建筑，设置在底部且室内高度不大于 2.2m 的自行车库、储藏室、敞开空间，室内外高差或建筑的地下或半地下室的顶板面高出室外设计地面的高度不大于 1.5m 的部分，可不计入建筑高度。

《防火规范》A.0.1

[编者注释：

1.《通则》4.4.2 条所示"特别建筑控制区"系指为城市规划行政主管部门和有关部门规定的历史文化名城、名镇、名村、文物保护单位、历史建筑、风景名胜区、自然保护区及机场、电台、电信、微波通信、气象台、卫星地面站、军事要塞等技术控制区。

"其他控制区"指为"特别控制区"范围以外的城市管理部门对建筑高度有明确规定的地区或沿城市道路的建筑物。

2. 为与工程防火设计相对应，在工程设计说明中通常按《建筑设计防火规范》的规定计算和标示建筑高度。如果工程涉及日照及城市管理部门的建筑限高要求，工程屋顶各部高程设计亦应符合其他相关规范的规定。

3. 按防火要求计算和标示建筑高度，当高度值面临一些建筑高度"临界值"时，设计人应予以特别的关注，计算和标示的高度值必须准确无误，以避免对工程设计产生重大质疑和争议。

一些主要的建筑高度"临界值"列举如下：

250m：$h＞250m$，建筑防火设计应提交国家消防主管部门做专题论证；

100m：$h＞100m$，按超高层建筑设计；

54m：$h＞54m$，住宅建筑按一类高层建筑设计；

50m：$h＞50m$，公共建筑按一类高层建筑设计；

33m：$h＞33m$，住宅建筑疏散楼梯应设为防烟楼梯间，并应设置消防电梯；

32m：$h＞32m$，公共建筑疏散楼梯应设为防烟楼梯间，并应按规定设置消防电梯；

27m：$h＞27m$ 住宅建筑应按高层建筑设计；

24m：$h＞24m$ 的非单层厂房和仓库、除住宅外的其他民用建筑应按高层建筑的要求进行设计。

4.《防火规范》A.0.1规定，平屋面按"屋面面层"计算建筑高度。由于屋面排雨水的需要，所谓的"平屋面"只是相对于瓦屋面等坡屋顶而言的设置小坡度排水的屋面。例如：《通则》6.14.2条规定采用卷材防水的平屋面，排水坡度为2％～5％。带坡"屋面面层"的高程是个"变数"。按平屋面哪个部位的"屋面面层"计算建筑高度？如何操作？无章可循。因此，除结构找坡屋面等一些特殊构造的平屋面外，设计人多采用按平屋面结构板板顶计算和标示平屋面的建筑高度。此做法直观、可操作。但应特别提示：此做法标示的建筑高度临近前述某建筑高度"临界值"时，所标示的建筑高度值应留有足够的工程设计所采用屋面面层的构造厚度余量，确保符合相关规范规定。

5.《防火规范》A.0.1.3规定：同一座建筑有多种形式的屋面时，建筑高度分别计算后，取其中最大值。

执行此条规定应设定以下前提：

（1）此最大值的屋顶是属于长期有人停留和使用的房间、空间的屋顶；

（2）此最大值的屋顶或是属于突出屋面的瞭望塔、冷却塔、水箱间、排风和排烟机房等设备房间、楼梯间、电梯机房、屋顶装饰性构架、闷顶等辅助性设施的屋顶，且此部分屋顶占全屋顶平面面积超过 1/4。]

5.2 建筑层数计算、层高（室内净高）规定

5.2.1 建筑层数应按建筑的自然层数计算，下列空间可不计入建筑层数：

1. 室内顶板面高出室外设计地面的高度不大于 1.5m 的地下或半地下室；

2. 设置在建筑底部且室内高度不大于 2.2m 的自行车库、储藏室、敞开空间；

3. 建筑屋顶上突出的局部设备用房、出屋面的楼梯间等。

《防火规范》A.0.2

5.2.2 当建筑中有一层或若干层层高超过 3.0m 时，应按诸层层高总和除以 3.0m 进行层数计算，余数不足 1.50m，多出部分不计入层数，余数≥1.50m，多出部分按一层计算。

《住宅建规》9.1.6 注 2

5.2.3 层高：建筑物各层之间以楼、地面面层（完成面）计算的垂直距离，屋顶层由该层楼面面层（完成面）至平屋面的结构面层或至坡顶的结构面层与外墙外皮延长线的交点计算的垂直距离。

5.2.4 室内净高：从楼、地面面层（完成面）至吊顶或楼盖、屋盖底面之间的有效使用空间的垂直距离。

《通则》2.0.14；2.0.15

5.3 建筑层间分布规定

5.3.1 居住建筑层间分布规定

1. 居住建筑的居室不应布置在地下室内,当布置在半地下室时,必须对采光、通风、日照、防潮、排水及安全防护采取措施。

《通则》6.4.6

2. 宿舍建筑的居室不应布置在地下室,不宜布置在半地下室。

《宿舍建筑设计规范》4.2.6;4.2.7

3. 四级耐火等级的住宅不得超过3层;三级耐火等级的住宅不得超过9层;二级耐火等级的住宅建筑最多允许建造层数为18层。

《住宅建规》9.2.2

5.3.2 商店、展览建筑层间分布规定

1. 商店建筑、展览建筑采用三级耐火等级建筑时,不应超过2层;采用四级耐火等级建筑时,应为单层。营业厅、展览厅设置在三级耐火等级的建筑内时,应布置在首层或二层;设置在四级耐火等级的建筑内时,应布置在首层。

营业厅、展览厅不应设置在地下三层及以下楼层。地下或半地下营业厅、展览厅不应经营、储存和展示甲、乙类火灾危险性物品。

《防火规范》5.4.3

2. 大型百货商店营业层设在5层及以上时,应设置不少于2座直通屋顶平台的疏散楼梯间。屋顶避难面积不宜小于最大营业层建筑面积的50%。

《商店建筑设计规范》5.2.5

5.3.3 会议厅、多功能厅等场所层间分布规定

建筑内的会议厅、多功能厅等人员密集的场所,宜布置在首

层、二层或三层。设置在三级耐火等级的建筑内时，不应布置在三层及以上楼层。确需布置在一、二级耐火等级建筑的其他楼层时，应符合下列规定：

1. 一个厅、室的疏散门不应少于 2 个，且建筑面积不宜大于 400m²；

2. 设置在地下或半地下时，宜设置在地下一层，不应设置城地下三层及以下楼层；

3. 设置在高层建筑内时，应设置火灾自动报警系统和自动喷水灭火系统等自动灭火系统。

《防火规范》5.4.8

5.3.4 影剧院、礼堂层间分布规定

剧场、电影院、礼堂宜设置在独立的建筑内；采用三级耐火等级建筑时，不应超过 2 层；确需设置在其他民用建筑内时，至少应设置 1 个独立的安全出口和疏散楼梯，并应符合下列规定：

1. 应采用耐火极限不低于 2.00h 的防火隔墙和甲级防火门与其他区域分隔。

2. 设置在一、二级耐火等级的建筑内时，观众厅宜布置在首层、二层或三层；确需布置在四层及以上楼层时，一个厅、室的疏散门不应少于 2 个，且每个观众厅的建筑面积不宜大于 400m²。

3. 设置在三级耐火等级的建筑内时，不应布置在三层及以上楼层。

4. 设置在地下或半地下时，宜设置在地下一层，不应设置在地下三层及以下楼层。

5. 设置在高层建筑内时，应设置火灾自动报警系统及自动喷水灭火系统等自动灭火系统。

《防火规范》5.4.7

5.3.5 歌舞娱乐放映游艺场所层间分布规定

歌舞厅、录像厅、夜总会、卡拉 OK 厅（含具有卡拉 OK 功

能的餐厅）、游艺厅（含电子游艺厅）、桑拿浴室（不包括洗浴部分）、网吧等歌舞娱乐放映游艺场所（不含剧场、电影院）的布置应符合下列规定：

1. 不应布置在地下二层及以下楼层；

2. 宜布置在一、二级耐火等级建筑内的首层、二层或三层的靠外墙部位；

3. 不宜布置在袋形走道的两侧或尽端；

4. 确需布置在地下一层时，地下一层的地面与室外出入口地坪的高差不应大于 10m；

5. 确需布置在地下或四层及以上楼层时，一个厅、室的建筑面积不应大于 200m²；

6. 厅、室之间及与建筑的其他部位之间，应采用耐火极限不低于 2.00h 的防火隔墙和 1.00h 的不燃性楼板分隔，设置在厅、室墙上的门和该场所与建筑内其他部位相通的门均应采用乙级防火门。

《防火规范》5.4.9

5.3.6　中、小学校层间分布规定

1. 各类小学教学用房不应设在四层以上；各类中学教学用房不应设在五层以上。

《中小学校设计规范》4.3.2

2. 教学建筑、食堂、菜市场采用三级耐火等级建筑时，不应超过 2 层；采用四级耐火等级建筑时，应为单层；设置在三级耐火等级的建筑内时，应布置在首层或二层；设置在四级耐火等级的建筑内时，应布置在首层。

《防火规范》5.4.6

5.3.7　托儿所、幼儿园及老年人建筑层间分布规定

1. 托儿所、幼儿园的儿童用房，老年人活动场所和儿童游乐厅等儿童活动场所宜设置在独立的建筑内，且不应设置在地下或半地下；当采用一、二级耐火等级的建筑时，不应超过 3 层；采用三级耐火等级的建筑时，不应超过 2 层；采用四级耐火等级

的建筑时，应为单层；确需设置在其他民用建筑内时，应符合下列规定：

（1）设置在一、二级耐火等级的建筑内时，应布置在首层、二层或三层；

（2）设置在三级耐火等级的建筑内时，应布置在首层或二层；

（3）设置在四级耐火等级的建筑内时，应布置在首层；

（4）设置在高层建筑内时，应设置独立的安全出口和疏散楼梯；

（5）设置在单、多层建筑内时，宜设置独立的安全出口和疏散楼梯。

《防火规范》5.4.4

2. 不得将幼儿及老年人生活用房设在地下室、半地下室。幼儿生活用房且不应设在 4 层及以上。

《通则》6.4.5；《托、幼设计规范》4.1.3

3. 三个班及以上的托儿所、幼儿园应独立设置。两个班及以下时可与居住建筑合建，但应有独立的出入口和相应的室外活动场地和安全防护设施。

《托、幼设计规范》3.2.2

4. 老年人建筑的住宿部分，托儿所、幼儿园的儿童用房和活动场所设置在木结构建筑内时，应布置在首层或二层。

《防火规范》11.0.4

［编者注释：

《防火规范》11.0.14 及《防火规范》5.1.2 表注 1 均规定木结构建筑的耐火等级应确定为四级耐火等级。

依据《防火规范》5.4.4 条规定，四级耐火等级的托儿所、幼儿园及老年人活动场所应布置在单层的独立建筑内，布置在四级耐火等级的其他民用建筑内时应布置在首层。因此，《防火规范》11.0.4 条规定的老年人建筑的住宿部分，托儿所、幼儿园的儿童用房和活动场所设置在木结构建筑内时，应布置在首层或布置在单层木结构建筑内，不宜布置在木结构建筑的二层。]

5.3.8 医院、疗养院建筑层间分布规定

医院和疗养院的住院部分不应设置在地下或半地下。

医院和疗养院的住院部分采用三级耐火等级建筑时，不应超过2层；采用四级耐火等级建筑时，应为单层；设置在三级耐火等级的建筑内时，应布置在首层或二层；设置在四级耐火等级的建筑内时，应布置在首层。

医院和疗养院的病房楼内相邻护理单元之间应采用耐火极限不低于2.00h的防火隔墙分隔，隔墙上的门应采用乙级防火门，设置在走道上的防火门应采用常开防火门。

〈防火规范〉5.4.5

5.3.9 消防水泵房层间分布规定

附设在建筑内的消防水泵房，不应设置在地下三层及以下，或室内地面与室外出入口地坪高差大于10m的地下楼层。疏散门应直通室外或安全出口。

《防火规范》8.1.6

5.3.10 消防控制室层间分布规定

附设在建筑内的消防控制室宜设置在建筑的首层或地下一层靠外墙部位。疏散门应直通室外或安全出口。

《防火规范》8.1.7

5.3.11 锅炉房、变配电室层间分布规定

1. 燃油或燃气锅炉、油浸变压器、充有可燃油的高压电容器和多油开关等，宜设置在建筑外的专用房间内；确需贴邻民用建筑布置时，应采用防火墙与所贴邻的建筑分隔，且不应贴邻人员密集场所，该专用房间的耐火等级不应低于二级；确需布置在民用建筑内时，不应布置在人员密集场所的上一层、下一层或贴邻，并应符合下列规定：

燃油或燃气锅炉房、变压器室应设置在首层或地下一层的靠外墙部位，但常（负）压燃油或燃气锅炉可设置在地下二层或屋顶上。设置在屋顶上的常（负）压燃气锅炉，距离通向屋面的安

全出口不应小于 6m。

采用相对密度（与空气密度的比值）不小于 0.75 的可燃气体为燃料的锅炉，不得设置在地下或半地下。

锅炉房、变压器室的疏散门均应直通室外或安全出口。

《防火规范》5.4.12

2. 锅炉房宜为独立的建筑物。

当锅炉房与其他建筑物相连或设在其内部时，严禁设置在人员密集场所和重要部门的上一层、下一层、贴邻位置及主要通道、疏散口两旁，并应设置在建筑物的首层或地下一层靠外墙部位。

《锅炉房设计规范》4.1.2；4.1.3

[编者注释：

锅炉房、变配电室、消防控制室及消防水泵房均标示其"疏散门应直通室外或安全出口"。对此规定的解读详本手册第 11.1.8 条相关条文和编者注释。]

5.3.12 柴油发电机房层间分布规定

布置在民用建筑内的柴油发电机房应符合下列规定：

1. 宜布置在首层或地下一、二层；

2. 不应布置在人员密集场所的上一层、下一层或贴邻；

3. 应采用耐火极限不低于 2.00h 的防火隔墙和 1.50h 的不燃性楼板与其他部位分隔，门应采用甲级防火门；

《防火规范》5.4.13

5.3.13 汽车库、修车库层间分布规定

地下、半地下汽车库内不应设置汽车修理车位、喷漆车间、充电间、乙炔间和甲、乙类物品库房。

《汽车库防规》4.1.8

5.3.14 人防工程层间分布规定

工程内设置有旅店、病房、员工宿舍时，不得设置在地下二层及以下，并应划分为独立的防火分区，且疏散楼梯不得与其他防火分区的疏散楼梯共用。

《人防防规》4.1.1.5

[编者注释：

对于平时、战时使用功能不同的人防工程，应按"平战结合"的方式，依照平时使用功能划分防火分区，同时具备临战改造的条件。按平时使用功能划分防火分区、旅馆、病房及宿舍的设置须执行各相关规范规定。]

5.3.15 工厂、仓库层间分布规定

甲、乙类生产场所（仓库）不应设置在地下或半地下。

《防火规范》3.3.4

[编者注释：

工厂和仓库允许建造的最多层数参见本手册"厂房、仓库防火分区划分规定"列表。]

5.3.16 木结构建筑允许层数规定

1. 丁、戊类厂房（库房）和民用建筑可采用木结构建筑或木结构组合建筑。

木结构建筑或木结构组合建筑的允许层数和

允许建筑高度 表 5-1

木结构建筑的形式	普通木结构建筑	轻型木结构建筑	胶合木结构建筑		木结构组合建筑
允许层数（层）	2	3	1	3	7
允许建筑高度（m）	10	10	不限	15	24

《防火规范》11.0.3

2. 商店、体育馆和丁、戊类厂房（库房）应采用单层木结构。

《防火规范》11.0.4

5.4 建筑层高（室内净高）规定

5.4.1 一般规定

1. 建筑用房的室内净高应符合相关专业规范的规定；地下

室、局部夹层、走道等有人员正常活动部位最低处的净高不应小于 2.0m。

《通则》6.3.3

2. 有人员正常活动的架空层及避难层的净高不应低于 2.0m。

《通则》6.5.2

5.4.2 居住建筑层高、室内净高规定

1. 普通住宅层高宜为 2.80m

卧室、起居室净高不应低于 2.40m，面积不大于室内使用面积的 1/3 的局部净高不低于 2.10m。

厨房、卫生间净高不应低于 2.20m，管道下净高不低于 1.90m。

坡顶内的卧室、起居室、其 1/2 面积的室内净高不应低于 2.10m。

《住宅设规》5.5

2. 宿舍建筑、居室

采用单层床时层高不宜低于 2.80m，净高不应低于 2.60m。

采用双层床或高架床时，层高不宜低于 3.60m，净高不应低于 3.40m。

《宿舍建筑设计规范》4.4.1；4.4.2

5.4.3 商店营业厅室内净高规定

设置空调系统：	≥3.00m
自然通风结合机械排风：	≥3.50m
自然通风单面开窗：	≥3.20m
自然通风前后开窗：	≥3.50m

设置空调、人工照明、面积≤50m² 的房间或宽度不超过 3m 的局部空间，净高不应小于 2.40m。

《商店建筑设计规范》4.2.3

5.4.4 托儿所、幼儿园室内净高规定

| 活动室、寝室、乳儿室： | ≥3.00m |
| 多功能活动室： | ≥3.90m |

《托、幼建筑设计规范》4.1.17

5.4.5 旅馆建筑室内净高规定

客房：设空调≥2.40m；不设空调≥2.60m；

卫生间：≥2.20；

过道、走廊：≥2.10m；

利用坡顶内空间作为客房时，应至少有 8.0m² 面积的净高不低于 2.40m。

《旅馆建筑设计规范》4.2.9

5.4.6 餐饮建筑室内净高规定

小餐厅、小饮食厅≥2.60m（设空调时≥2.40m）；

大餐厅、大饮食厅≥3.00m；

异形顶棚的大餐厅和饮食厅最低处不应低于 2.40m。

《饮食建筑设计规范》3.2.1

5.4.7 办公建筑室内净高规定

一类办公建筑（特别重要的办公建筑）　　≥2.70m

二类（重要的办公建筑）　　　　　　　　≥2.60m

三类（普通办公建筑）　　　　　　　　　≥2.50m

走道净高≥2.20m

《办公建筑设计规范》4.1.11

［编者注释：

规范 1.0.3 条条文说明中标示，一类办公建筑（特别重要的办公建筑）包括国家级和省部级行政办公建筑、重要的金融、电力调度、广播电视、通讯枢纽办公建筑及超高层办公建筑等。］

5.4.8 综合医院室内净高规定

诊查室≥2.60m

病房≥2.80m

公共走道≥2.30m

手术室净高：2.70m～3.00m

《综合医院建筑设计规范》5.1.9；5.7.6

5.4.9 图书馆室内净高规定

书库、阅览室藏书区净高≥2.40m（有梁或管线时，其底面距地净高不宜小于 2.30m）。

采用积层书架的书库、结构梁（或管线）底面距地净高应≥4.70m。

《图书馆建筑设计规范》4.2.8

5.4.10 体育馆室内净高规定

综合体育馆比赛场地上空净高不应小于 15.0m。

专项体育馆比赛场地上空净高应符合专项比赛要求。

《体育建筑设计规范》6.2.7

5.4.11 中、小学校室内净高规定

普通教室、史、地美术教室：

小学 $h \geqslant 3.00m$

初中 $h \geqslant 3.05m$

高中 $h \geqslant 3.10m$

舞蹈教室：$h \geqslant 4.50m$

实验室、计算机室、合班教室：$h \geqslant 3.10m$

风雨操场： 体　操　≥6.00m

　　　　　　田　径　≥9.00mm

　　　　　　篮　球　≥7.00m

　　　　　　排　球　≥7.00m

　　　　　　羽毛球　≥9.00m

　　　　　　乒乓球　≥4.00m

《中小学校设计规范》7.2.1；7.2.2

5.4.12 展览建筑室内净高规定

甲等展厅　≥12m

乙等展厅　≥8.0m

丙等展厅　≥6.0m

《展览建筑设计规范》4.2.5

5.4.13 汽车库室内净高规定

微小型车：$h \geqslant 2.20m$

轻型车：$h \geqslant 2.95m$

中、大型客车：$h \geqslant 3.70$m

中、大型货车：$h \geqslant 4.20$m

注：h 值为停车库区与车辆出入口、坡道的净高。此值指从楼地面至吊顶、设备管道、梁或其他构件底面之间的有效使用空间的垂直高度。

《车库设计规范》4.2.5；4.3.6

6 卫 生 间

6.1 卫生间设置一般规定

6.1.1 室内公共厕所的服务半径不宜超过 50m。

《通则》6.6.1.1

6.1.2 公厕应符合以下要求:

1. 对外的公厕应设供残疾人使用的专用设施;

2. 距离最远工作点不应大于 50m;

3. 应设前室;公用厕所的门不宜直接开向办公用房、门厅、电梯厅等主要公共空间。

《办公建筑设计规范》4.3.6

6.1.3 厕所、卫生间、盥洗室、浴室不应布置在食品加工及贮存、医药、生活供水、电气、档案、文物等有严格卫生、安全要求房间的直接上层;应避免布置在餐厅、多功能厅、医疗等有较高卫生要求用房的直接上层,否则应采取同层排水等措施。

《通则》6.6.1

6.1.4 除本套住宅外,住宅卫生间不应直接布置在下层住户的卧室、起居室、厨房和餐厅的上层。

《通则》6.6.1.4

6.1.5 公共活动场所宜设置独立的无性别厕所。无性别厕所可兼做无障碍厕所。

《通则》6.6.3.4

[编者注释:

"无性别厕所"在《城市公共厕所设计标准》中称其为"第

三卫生间"。用于为方便公共活动场所中不具备独立行厕能力的老年人、婴幼儿及其他行动不便者在他人协助下如厕。不受性别限制。主要设置在大型商场、宾馆、饭店、展览馆、机场、车站、影剧院、大型体育馆、综合性商业大楼和二、三级医院等公共场所的卫生间中。]

6.2 厕所和浴室隔间平面尺寸

厕所和浴室隔间平面尺寸不应小于表 6-1 的规定。

厕所和浴室隔间平面尺寸　　　　　　表 6-1

类　　　别	平面尺寸（宽度 m×深度 m）
外开门的厕所隔间	0.90×1.20
内开门的厕所隔间	0.90×1.40
医院患者专用厕所隔间	1.10×1.40
无障碍厕所隔间	1.40×1.80（改建用 1.00×2.00）
外开门淋浴隔间	1.00×1.20
内设更衣凳的淋浴隔间	1.00×（1.00+0.60）
无障碍专用浴室隔间	盆浴（门扇向外开启）2.00×2.25 淋浴（门扇向外开启）1.50×2.35

《通则》6.6.4

6.3 卫生设备间距规定

卫生设备间距应符合下列规定：

1. 洗脸盆或盥洗槽水嘴中心与侧墙面净距不宜小于 0.55m；

2. 并列洗脸盆或盥洗槽水嘴中心间距不应小于 0.70m；

3. 单侧并列洗脸盆或盥洗槽外沿至对面墙的净距不应小于 1.25m；

4. 双侧并列洗脸盆或盥洗槽外沿之间的净距不应小于 1.80m；

5. 浴盆长边至对面墙面的净距不应小于 0.65m；无障碍盆

浴间短边净宽度不应小于 2m；

6. 并列小便器的中心距离不应小于 0.65m；

7. 单侧厕所隔间至对面墙面的净距：当采用内开门时，不应小于 1.10m；当采用外开门时不应小于 1.30m；双侧厕所隔间之间的净距：当采用内开门时，不应小于 1.10m；当采用外开门时不应小于 1.30m；

8. 单侧厕所隔间至对面小便器或小便槽外沿的净距：当采用内开门时，不应小于 1.10m；当采用外开门时，不应小于 1.3m。

《通则》6.6.5

6.4 卫生设备配置数量规定

6.4.1 商业建筑卫生间设置规定

商场、超市和商业街公共厕所卫生设施数量的确定应符合表 6-2 的规定。

商场、超市和商业街公共厕所厕位数　　表 6-2

购物面积（m²）	男厕位（个）	女厕位（个）
500 以下	1	2
501～1000	2	4
1001～2000	3	6
2001～4000	5	10
≥4000	每增加 200m² 男厕位增加 2 个，女厕位增加 4 个	

注：①按男女如厕人数相当时考虑；

②商业街应按各商店的面积合并计算后，按上表比例配置。

《城市公厕设计标准》4.2.2

6.4.2 室外公共场所卫生间设置规定

公共场所公共厕所每一卫生器具服务人数设置标准　表 6-3

卫生器具 设置位置	大便器	
	男	女
广场、街道	500	350
车站、码头	150	100

卫生器具 设置位置	大便器	
	男	女
公园	200	130
体育场外	150	100
海滨活动场所	60	40

《城市公厕设计标准》4.2.1

6.4.3 宿舍卫生间设置规定

公共厕所、公共盥洗室内卫生设备数量　　表6-4

项　目	设备种类	卫生设备数量
男(女)厕所	大便器	8(6)人以下设一个;超过8(6)人时,每增加15(12)人或不足15(12)人增设一个
	男厕小便器或槽位	每15人或不足15人设一个
	洗手盆	与盥洗室分设的厕所至少设一个
	污水池	公用卫生间或盥洗室设一个

注:盥洗室不应男女合用。

盥洗室龙头5人以下设一个,5人以上每10人或不足10人增设一个。

《宿舍建筑设计规范》4.3.2

淋浴室每个浴位服务人数不应超过15人。

《宿舍建筑设计规范》4.3.4

6.4.4 托儿所、幼儿园卫生间设置规定

1. 托儿所乳儿班卫生间应设洗涤池2个、污水池1个、保育员厕位1个。

《托、幼建筑设计规范》4.2.6

2. 每班卫生间卫生设备的最少数量限值见表6-5。

污水池(个)	大便器(个)	小便器(沟槽)(个或位)	盥洗台(水龙头、个)
1	6	4	6

《托、幼建筑设计规范》4.3.11

3. 大便器宜采用蹲式便器，大便器或小便槽均应设隔板；

盥洗池高度为 0.50m～0.55m，进深为 0.40m～0.45m，水龙头间距为 0.55m～0.60m；

每个厕位的平面尺寸为 0.80m×0.70m；

沟槽式便槽槽宽为 0.16m～0.18m；

坐式便器高度为 0.25m～0.30m。

《托、幼建筑设计规范》4.3.13

4. 夏热冬冷和夏热冬暖地区，托儿所、幼儿园建筑的幼儿生活单元内宜设淋浴室；寄宿制幼儿园生活单元内应设独立的淋浴室。

《托、幼建筑设计规范》4.3.15

6.4.5　中小学校卫生间设置规定

1. 教学用建筑每层均应分设男、女学生卫生间和男、女教师卫生间。当教学用建筑中每层学生人数少于 3 个班时，男、女卫生间可隔层设置。

《中、小学校设计规范》6.2.5

2. 学生卫生间卫生洁具的数量应符合下列规定：

（1）男生至少为每 40 人设一大便器或 1.20m 长大便槽，每 20 人设一个小便斗或 0.60m 长小便槽；女生应至少每 13 人设一个大便器或 1.20m 长大便槽；

（2）每 40 人～45 人设一个洗手盆或 0.6m 长盥洗槽；

（3）应设污水池。

《中、小学校设计规范》6.2.8

6.4.6　公共文体场所卫生间设置规定

1. 剧场卫生间设置：

男：每 100 座设 1 大便器，每 40 座设 1 小便器，每 150 座设 1 洗手盆；

女：每 25 座设 1 大便器，每 150 座设 1 洗手盆；男女厕均应设残疾人专用蹲位。

《剧场建筑设计规范》4.0.6

2. 体育场馆、展览馆、影剧院、音乐厅等公共文体活动场所公共厕所卫生设施数量的确定应符合表 6-6 的规定。

体育场馆、展览馆等公共文体娱乐场所公厕厕位数　表 6-6

设施	男	女
坐位 蹲位	250 座以下设 1 个，每增加(1～500)座增设 1 个	不超过 40 座设 1 个； 41～70 座设 3 个 71～100 座设 4 个 100 座以上每增 1～40 座增设 1 个
站位	100 座以下设 2 个，每增加(1～80)座增设 1 个	无

注：①若附有其他服务设施（如餐饮），应按相应内容增加配置；
　　②有人员聚集场所的广场内，应增建馆外人员使用的附属或独立厕所。

《城市公厕设计标准》4.2.4

3. 体育建筑观众厕所厕位指标：

男厕：大便器 8 个/1000 人；小便器 20 个/1000 人；小便槽 12m/1000 人；

女厕：大便器 30 个/1000 人。

注：男女比例 1：1。

《体育建筑设计规范》4.4.2

6.4.7　综合医院卫生间设置规定

1. 患者使用的卫生间的平面尺寸，不应小于 1.10m×1.40m，外开门。

2. 宜设无性别、无障碍卫生间。

《综合医院设计规范》5.1.13

3. 门诊卫生间设置：卫生间宜按日门诊量计算，男、女比例宜为 1：1；

男厕每 100 人次设大便器不应少于 1 个，小便器不应少于 1 个；

女厕每 100 人次设大便器不应少于 3 个。

《综合医院设计规范》5.2.11

4. 住院部护理单元卫生间、盥洗室、浴室设置规定：

（1）护理单元集中设置卫生间时，男、女患者比例宜为 1∶1，男卫生间每 16 床设 1 个大便器和 1 个小便器；女卫生间每 16 床应设 3 个大便器；

（2）医护人员卫生间应单独设置；

（3）设置集中盥洗室和浴室的护理单元，盥洗水龙头和淋浴器每 12 床～15 床应各设 1 个，且每个护理单元不少于 2 个。

《综合医院设计规范》5.5.8

6.4.8 疗养院卫生间设置规定

公共盥洗间：6～8 床设一洗脸盆；

公厕：男：每 15 人设一大便器和一小便器；

　　　女：每 12 人设一大便器。

《疗养院建筑设计规范》3.2.11

6.4.9 图书馆卫生间设置规定

男：每 60 人 1 大便器，每 30 人 1 小便器；

女：每 30 人 1 大便器。

洗手盆按每 60 人设 1 具。

《图书馆建筑设计规范》4.5.7

6.4.10 机场、火车站卫生间设置规定

机场、火车站、公共汽（电）车和长途汽车始末站、地下铁道的车站、城市轻轨车站、交通枢纽站、高速路休息区、综合性服务楼和服务性单位公共厕所卫生设施数量的确定应符合表 6-7 的规定。

机场、（火）车站、综合性服务楼和服务性单位公共厕所厕位数

表 6-7

设施	男（人/h）	女（人/h）
厕位	100 人/h 以下设 2 个； 每增加 60 人增设 1 个	100 人/h 以下设 4 个 每增加 30 人增设 1 个

《城市公厕设计标准》4.2.5

7 步行商业街、下沉式广场

7.1 步行商业街设置规定

7.1.1 步行商业街应设置限置车辆通行的措施，并应符合当地城市规划和消防、交通等部门的有关规定；

步行商业街的主要出入口附近应设置停车场（库），并应与城市公共交通有便捷的联系；

步行商业街应进行无障碍设计和配备公用配套设施；

步行商业街应进行后勤货运流线设计，并不应与主要顾客人流混合或交叉。

《商店建筑设计规范》3.3

7.1.2 步行商业街除应符合国家标准《防火规范》相关规定外，还应符合下列规定：

1. 利用现有街道改造的步行街，其街道最窄处不宜小于 6m。

2. 新建步行街应留有宽度不小于 4m 的消防车道。

3. 车辆限行步行街长度不宜大于 500m。

4. 有顶棚的步行街，上空有悬挂物时，净高不应小于 4m。

《商店建筑设计规范》3.3.3

7.1.3 餐饮、商店等商业设施通过有顶棚的步行街连接，且步行街两侧的建筑需利用步行街进行安全疏散时，应符合下列规定：

1. 步行街两侧建筑的耐火等级不应低于二级。

2. 步行街两侧建筑相对面的最近距离均不应小于本规范对相应高度建筑的防火间距要求且不应小于 9m。步行街的端部在各层均不宜封闭，确需封闭时，应在外墙上设置可开启的门窗，且可开启门窗的面积不应小于该部位外墙面积的一半。步行街的长度不宜大于300m。

3. 步行街两侧建筑的商铺之间应设置耐火极限不低于2.00h的防火隔墙，每间商铺的建筑面积不宜大于300m²。

4. 步行街两侧建筑的商铺，其面向步行街一侧的围护构件的耐火极限不应低于1.00h，并宜采用实体墙，其门、窗应采用乙级防火门、窗；当采用防火玻璃墙（包括门、窗）时，其耐火隔热性和耐火完整性不应低于1.00h；当采用耐火完整性不低于1.00h的非隔热性防火玻璃墙（包括门、窗）时，应设置闭式自动喷水灭火系统进行保护。相邻商铺之间面向步行街一侧应设置宽度不小于1.0m、耐火极限不低于1.00h的实体墙。

当步行街两侧的建筑为多个楼层时，每层面向步行街一侧的商铺均应设置防止火灾竖向蔓延的措施，并应符合本规范第6.2.5条的规定；设置回廊或挑檐时，其出挑宽度不应小于1.2m；步行街两侧的商铺在上部各层需设置回廊和连接天桥时，应保证步行街上部各层楼板的开口面积不应小于步行街地面面积的37%，且开口宜均匀布置。

5. 步行街两侧建筑内的疏散楼梯应靠外墙设置并宜直通室外，确有困难时，可在首层直接通至步行街；首层商铺的疏散门可直接通至步行街，步行街内任一点到达最近室外安全地点的步行距离不应大于60m。步行街两侧建筑二层及以上各层商铺的疏散门至该层最近疏散楼梯口或其他安全出口的直线距离不应大于37.5m。

6. 步行街的顶棚材料应采用不燃或难燃材料，其承重结构的耐火极限不应低于1.00h。步行街内不应布置可燃物。

7. 步行街的顶棚下檐距地面的高度不应小于6.0m，顶棚应设置自然排烟设施并宜采用常开式的排烟口，且自然排烟口的有效面积不应小于步行街地面面积的25%。常闭式自然排烟设施应能在火灾时手动和自动开启。

8. 步行街两侧建筑的商铺外应每隔30m设置DN65的消火

栓，并应配备消防软管卷盘或消防水龙，商铺内应设置自动喷水灭火系统和火灾自动报警系统；每层回廊均应设置自动喷水灭火系统。步行街内宜设置自动跟踪定位射流灭火系统。

9. 步行街两侧建筑的商铺内外均应设置疏散照明、灯光疏散指示标志和消防应急广播系统。

《防火规范》5.3.6

7.2 下沉式广场设置规定

用于防火分隔的下沉式广场等室外开敞空间，应符合下列规定：

1. 分隔后的不同区域通向下沉式广场等室外开敞空间的开口最近边缘之间的水平距离不应小于 13m。室外开敞空间除用于人员疏散外不得用于其他商业或可能导致火灾蔓延的用途，其中用于疏散的净面积不应小于 169m²。

2. 下沉式广场等室外开敞空间内应设置不少于 1 部直通地面的疏散楼梯。当连接下沉广场的防火分区需利用下沉广场进行疏散时，疏散楼梯的总净宽度不应小于任一防火分区通向室外开敞空间的设计疏散总净宽度。

3. 确需设置防风雨篷时，防风雨篷不应完全封闭，四周开口部位应均匀布置，开口的面积不应小于该空间地面面积的 25％，开口高度不应小于 1.0m；开口设置百叶时，百叶的有效排烟面积可按百叶通风口面积的 60％计算。

《防火规范》6.4.12

[编者注释：

1. 本条条文说明标示为：用于疏散的净面积 169m² 不包括水池等景观所占面积；总建筑面积大于 20000m² 的地下、半地下商店应采用无门、窗、洞口的防火墙等防火设施分隔为多个建筑面积不大于 20000m² 的区域，分隔后不大于 20000m² 的不同区域通向下沉式广场外墙开口之水平间距不应小于 13m；不大

90

于 20000m² 的同一区域中不同防火分区外墙上开口之水平间距，可依照《防火规范》6.1.3；6.1.4 条有关不同防火分区之间防火墙两侧外墙门、窗、洞口之间最近边缘水平距离的规定确定。

以上标示可解读为：符合规范相关规定的下沉式广场的室外开敞空间可等同于地上建筑的室外开敞空间。同一区域内不同防火分区之间的地下室外墙上开向下沉式广场的门、窗、洞口可按地上建筑的规定进行防火设计；地下室人员安全疏散，进入下沉式广场可视为到达"室外安全区域"。

2. 地下、半地下室的通风、采光井及下沉式庭院等不具备下沉式广场设置标准的场所，由于其面积、空间的限制、火情、烟气的聚集、蔓延更接近于室内环境，如其处于防火分区分隔的部位，不应将其作为"室外开敞空间"进行防火设计。防火分区防火墙两侧的采光井应分隔为各自独立的采光井；防火分区防火墙两侧外墙上开向下沉式庭院的门、窗宜设为不低于乙级等级的防火门、窗。]

8 避难层（间）、避难走道、防火隔间

8.1 避难层（间）设置规定

8.1.1 建筑高度大于 100m 的公共建筑，应设置避难层（间）。避难层（间）应符合下列规定：

1. 第一个避难层（间）的楼地面至灭火救援场地地面的高度不应大于 50m，两个避难层（间）之间的高度不宜大于 50m。

2. 通向避难层（间）的疏散楼梯应在避难层分隔、同层错位或上下层断开。

3. 避难层（间）的净面积应能满足设计避难人数避难的要求，并宜按 5.0 人/m² 计算。

4. 避难层可兼作设备层。设备管道宜集中布置，其中的易燃、可燃液体或气体管道应集中布置，设备管道区应采用耐火极限不低于 3.00h 的防火隔墙与避难区分隔。管道井和设备间应采用耐火极限不低于 2.00h 的防火隔墙与避难区分隔，管道井和设备间的门不应直接开向避难区；确需直接开向避难区时，与避难层区出入口的距离不应小于 5m，且应采用甲级防火门。

避难间内不应设置易燃、可燃液体或气体管道，不应开设除外窗、疏散门之外的其他开口。

5. 避难层应设置消防电梯出口。

6. 应设置消火栓和消防软管卷盘。

7. 应设置消防专线电话和应急广播。

8. 在避难层（间）进入楼梯间的入口处和疏散楼梯通向避难层（间）的出口处，应设置明显的指示标志。

9. 应设置直接对外的可开启窗口或独立的机械防烟设施，

外窗应采用乙级防火窗。

《防火规范》5.5.23

8.1.2　高层病房楼应在二层及以上的病房楼层和洁净手术部设置避难间。避难间应符合下列规定：

1. 避难间服务的护理单元不应超过 2 个，其净面积应按每个护理单元不小于 25.0m² 确定。

2. 避难间兼作其他用途时，应保证人员的避难安全，且不得减少可供避难的净面积。

3. 应靠近楼梯间，并应采用耐火极限不低于 2.00h 的防火隔墙和甲级防火门与其他部位分隔。

4. 应设置消防专线电话和消防应急广播。

5. 避难间的入口处应设置明显的指示标志。

6. 应设置直接对外的可开启窗口或独立的机械防烟设施，外窗应采用乙级防火窗。

《防火规范》5.5.24

8.1.3　建筑高度大于 54m 的住宅建筑，每户应有一间房间符合下列规定：

1. 应靠外墙设置，并应设置可开启外窗；

2. 内、外墙体的耐火极限不应低于 1.00h，该房间的门宜采用乙级防火门，外窗的耐火完整性不宜低于 1.00h。

《防火规范》5.5.32

8.2　避难走道设置规定

避难走道的设置应符合下列规定：

1. 避难走道防火隔墙的耐火极限不应低于 3.00h，楼板的耐火极限不应低于 1.50h。

2. 避难走道直通地面的出口不应少于 2 个，并应设置在不同方向；当避难走道仅与一个防火分区相通且该防火分区至少有 1 个直通室外的安全出口时，可设置 1 个直通地面的出口。任一防火分区通向避难走道的门至该避难走道最近直通地面的出口的距离不应大于 60m。

3. 避难走道的净宽度不应小于任一防火分区通向该避难走道的设计疏散总净宽度。

4. 避难走道内部装修材料的燃烧性能应为 A 级。

5. 防火分区至避难走道入口处应设置防烟前室，前室的使用面积不应小于 6.0m²，开向前室的门应采用甲级防火门，前室开向避难走道的门应采用乙级防火门。

6. 避难走道内应设置消火栓、消防应急照明、应急广播和消防专线电话。

《防火规范》6.4.14

8.3 防火隔间设置规定

8.3.1 防火隔间的设置应符合下列规定：

1. 防火隔间的建筑面积不应小于 6.0m²；

2. 防火隔间的门应采用甲级防火门；

3. 不同防火分区通向防火隔间的门不应计入安全出口，门的最小间距不应小于 4m；

4. 防火隔间内部装修材料的燃烧性能应为 A 级；

5. 不应用于除人员通行外的其他用途。

《防火规范》6.4.13

8.3.2 该防火隔间上设置的甲级防火门，在计算防火分区的安全出口数量和疏散宽度时，不能计入数量和宽度。

《防火规范》6.4.13 条文说明

9 防火分区

9.1 民用建筑防火分区设置规定

9.1.1 民用建筑防火分区设置的一般规定

1. 不同耐火等级建筑的允许建筑高度或层数、防火分区最大允许建筑面积见表 9-1。

不同耐火等级建筑的允许建筑高度或层数、

防火分区最大允许建筑面积　　　　　　　表 9-1

名称	耐火等级	允许建筑高度或层数	防火分区的最大允许建筑面积(m²)	备　注
高层民用建筑	一、二级	按本规范第5.1.1条确定	1500	对于体育馆、剧场的观众厅，防火分区的最大允许建筑面积可适当增加
单、多层民用建筑	一、二级	按本规范第5.1.1条规定	2500	
	三级	5层	1200	
	四级	2层	600	
地下或半地下建筑(室)	一级	—	500	设备用房的防火分区最大允许建筑面积不应大于1000m²

注：①表中规定的防火分区最大允许建筑面积，当建筑内设置自动灭火系统时，可按本表的规定增加 1.0 倍；局部设置时，防火分区的增加面积可按该局部面积的 1.0 倍计算。

②裙房与高层建筑主体之间设置防火墙时，裙房的防火分区可按单、多层建筑的要求确定。

《防火规范》5.3.1

2. 除为满足民用建筑使用功能所设置的附属库房外，民用建筑内不应设置生产车间和其他库房。

经营、存放和使用甲、乙类火灾危险性物品的商店、作坊和储藏间，严禁附设在民用建筑内。

《防火规范》5.4.2

3. 闷顶应设通风口和通向闷顶的检修孔；闷顶内应有防火分隔。

《通则》6.14.6.7

［编者注释：

以此类推，建筑内的设备层亦应进行防火分区分隔，设备层层高不足 2.20m 可按《建筑面积计算规范》规定确定建筑面积划分防火分区范围。］

4. 建筑内设置自动扶梯、敞开楼梯等上、下层相连通的开口时，其防火分区的建筑面积应按上、下层相连通的建筑面积叠加计算；当叠加计算后的建筑面积大于本规范第 5.3.1 条的规定时，应划分防火分区。

建筑内设置中庭时，其防火分区的建筑面积应按上、下层相连通的建筑面积叠加计算；当叠加计算后的建筑面积大于本规范第 5.3.1 条的规定时，应符合下列规定：

（1）与周围连通空间应进行防火分隔：采用防火隔墙时，其耐火极限不应低于 1.00h；采用防火玻璃墙时，其耐火隔热性和耐火完整性不应低于 1.00h；采用耐火完整性不低于 1.00h 的非隔热性防火玻璃墙时，应设置自动喷水灭火系统进行保护；采用防火卷帘时，其耐火极限不应低于 3.00h，并应符合本规范第 6.5.3 条的规定；与中庭相连通的门、窗，应采用火灾时能自行关闭的甲级防火门、窗；

（2）高层建筑内的中庭回廊应设置自动喷水灭火系统和火灾自动报警系统；

（3）中庭应设置排烟设施；

（4）中庭内不应布置可燃物。

《防火规范》5.3.2

［编者注释：

室内楼梯按防火分类可分为防烟楼梯间、封闭楼梯间、敞开楼梯间（敞开楼梯间为三面有防火隔墙围合一面敞开的楼梯间）。

规范规定建筑内设置敞开楼梯、自动扶梯等这类"上、下层相连通的开口"时，其防火分区的建筑面积均应按上、下层相连通的建筑面积叠加计算。《防火规范》5.3.2条未将敞开楼梯间列入"上、下层相连通的开口"，并在规范条文说明中标示："对于规范允许采用敞开楼梯间的建筑，如5层或5层以下的教学建筑、普通办公建筑等，该敞开楼梯间可以不按上、下层连通的开口考虑。"这一规定意在对此类建筑的火灾危险性进行充分评估的前提下，最大限度地减少其公共通道及楼梯间防火门的设置，使通行更为顺畅，有助于改善此类建筑，尤其是易发踩踏事故的中、小学校建筑的安全疏散及通行条件。对此，设计人应予以关注并用于实行。

对上述办公、教学建筑外的其他类型的建筑，如规范允许采用敞开楼梯间的六层以下的宿舍、公寓等，不可随意套用以上规定，防火分区仍应按上、下层连通的开口叠加计算建筑面积。]

9.1.2 商店、展览建筑防火分区设置规定

1. 一、二级耐火等级建筑内的营业厅、展览厅，当设置自动灭火系统和火灾自动报警系统并采用不燃或难燃装修材料时，其每个防火分区的最大允许建筑面积应符合下列规定：

（1）设置在高层建筑内时，不应大于 $4000m^2$；

（2）设置在单层建筑或仅设置在多层建筑的首层内时，不应大于 $10000m^2$；

（3）设置在地下或半地下时，不应大于 $2000m^2$。

《防火规范》5.3.4

[编者注释：

符合上述条文规定的营业厅、展厅，设置在多层建筑楼层内时，防火分区最大允许建筑面积应按《防火规范》5.3.1条规定确认为 $5000m^2$（营业厅、展厅应按规范规定设置自动灭火设施）。]

2. 除为综合建筑配套服务且建筑面积小于 $1000m^2$ 的商店

外，综合性建筑的商店部分应采用耐火极限不低于 2.00h 的隔墙和耐火极限不低于 1.50h 的不燃体楼板与建筑的其他部分隔开。商店部分的安全出口必须与建筑其他部分隔开。

旅馆等建筑中配套设置的商店，因功能联系紧密、规模较小、人员密度低，可以不按该条执行。

《商店建筑设计规范》5.1.4 及条文说明

3. 总建筑面积大于 20000m² 的地下或半地下商店，应采用无门、窗、洞口的防火墙、耐火极限不低于 2.00h 的楼板分隔为多个建筑面积不大于 20000m² 的区域。相邻区域确需局部连通时，应采用下沉式广场等室外开敞空间、防火隔间、避难走道、防烟楼梯间等方式进行连通，防烟楼梯间的门应采用甲级防火门，下沉式广场、防火隔间、避难走道应符合规范相关规定。

《防火规范》5.3.5

4. 营业厅与空气处理室之间的隔墙应为防火兼隔声构造，并不宜直接开门相通。

《商店建筑设计规范》7.2.3.4

9.1.3 医院、疗养院防火分区设置规定

1. 医院和疗养院的病房楼内相邻护理单元之间应采用耐火极限不低于 2.00h 的防火隔墙分隔，隔墙上的门应采用乙级防火门，设在走道上的防火门应采用常开防火门。

《防火规范》5.4.5

2. 综合医院防火分区应符合下列要求：

（1）医院的防火分区应结合建筑布局和功能分区划分；

（2）防火分区的面积除应按建筑物的耐火等级和建筑高度确定外，病房部分每层防火分区内，尚应根据面积大小和疏散路线进行再分隔；同层有 2 个及 2 个以上护理单元时，通向公共走道的单元入口处应设乙级防火门；

（3）高层建筑内的门诊大厅，设有火灾自动报警和自动灭火系统并采用不燃或难燃材料装修时，地上部分防火分区允许最大建筑面积应为 4000m²；

（4）医院建筑内的手术部，当设有火灾自动报警系统，并采用不燃或难燃材料装修时，地上部分防火分区的允许最大建筑面积应为 4000m²；

（5）防火分区内的病房、产房、手术部、精密贵重医疗设备用房等，均应采用耐火极限不低于 2.00h 的不燃烧体与其他部分隔开。

《综合医院建筑设计规范》5.24.2

9.1.4 剧场、电影院建筑防火分区设置规定

1. 当剧场建筑与其他建筑合建或毗连时：

（1）剧场应形成独立的防火分区，以防火墙隔开；

（2）观众厅应建在首层或二、三层；

（3）出口标高宜同于所在层标高；

（4）应设专用疏散通道通向室外安全地带。

《剧场建筑设计规范》8.1.12；8.2.8

2. 综合建筑内设置的电影院不宜建在住宅楼、仓库及古建筑等建筑内，并应形成独立的防火分区。

《电影院建筑设计规范》3.2.6；6.1.2

9.1.5 图书馆建筑防火分区设置规定

1. 基本书库、特藏书库、藏阅合一（开架）书库、密集书库的防火分区最大允许建筑面积，单层建筑不应大于 1500m²；建筑高度不超过 24m 的多层建筑不应大于 1200m²；高度超过 24m 的建筑不应大于 1000m²；地下室或半地下室不应大于 300m²；

防火分区设有自动灭火系统时，上值可增加一倍。

2. 基本书库、特藏书库、密集书库与其毗邻的其他部位之间应采用防火墙和甲级防火门分隔。

3. 采用积层书架的书库，划分防火分区时应将书架层的面积合并计算。

《图书馆建筑设计规范》6.2

9.1.6 体育建筑防火分区设置规定

防火分区应符合下列要求：

1. 体育建筑的防火分区尤其是比赛大厅、训练厅和观众休息厅等大空间处应结合建筑布局、功能分区和使用要求加以划分，并应报当地公安消防部门认定。

2. 观众厅、比赛厅或训练厅的安全出口应设置乙级防火门。

3. 位于地下室的训练用房应按规定设置足够的安全出口。

《体育建筑设计规范》8.1.3

9.1.7 住宅建筑防火分区设置规定

除商业服务网点外，住宅建筑与其他使用功能的建筑合建时，应符合下列规定：

1. 住宅部分与非住宅部分之间，应采用耐火极限不低于2.00h且无门、窗、洞口的防火隔墙和1.50h的不燃性楼板完全分隔；当为高层建筑时，应采用无门、窗、洞口的防火墙和耐火极限不低于2.00h的不燃性楼板完全分隔。建筑外墙上、下层开口之间的防火措施应符合本规范第6.2.5条的规定。

2. 住宅部分与非住宅部分的安全出口和疏散楼梯应分别独立设置；为住宅部分服务的地上车库应设置独立的疏散楼梯或安全出口，地下车库的疏散楼梯应按本规范第6.4.4条的规定进行分隔。

3. 住宅部分和非住宅部分的安全疏散、防火分区和室内消防设施配置，可根据各自的建筑高度分别按照本规范有关住宅建筑和公共建筑的规定执行；该建筑的其他防火设计应根据建筑的总高度和建筑规模按本规范有关公共建筑的规定执行。

《防火规范》5.4.10

[编者注释：

1. 规范未对住宅建筑防火分区最大允许建筑面积作特别的规定，可按《防火规范》5.1.3条一般民用建筑防火分区最大允许建筑面积规定实施。

2. 非综合性的单元式住宅和塔式住宅，各项防火措施按规范相关规定落实到位，一般不必再刻意划分防火分区。]

9.1.8 锅炉房、变配电室、柴油发电机房防火分区设置规定

1. 燃油或燃气锅炉、油浸变压器、充有可燃油的高压电容器和多油开关等。宜设置在建筑外的专用房间内；确需贴邻民用建筑布置时，应采用防火墙与所贴邻的建筑分隔，且不应贴邻人员密集场所，该专用房间的耐火等级不应低于二级；确需布置在民用建筑内时，不应布置在人员密集场所的上一层、下一层或贴邻，并应符合下列规定：

（1）燃油或燃气锅炉房、变压器室应设置在首层或地下一层的靠外墙部位，但常（负）压燃油或燃气锅炉可设置在地下二层或屋顶上。设置在屋顶上的常（负）压燃气锅炉，距离通向屋面的安全出口不应小于6m。

采用相对密度（与空气密度的比值）不小于0.75的可燃气体为燃料的锅炉，不得设置在地下或半地下。

（2）锅炉房、变压器室的疏散门均应直通室外或安全出口。

（3）锅炉房、变压器室等与其他部位之间应采用耐火极限不低于2.00h的防火隔墙和1.50h的不燃性楼板分隔。在隔墙和楼板上不应开设洞口，确需在隔墙上设置门、窗时，应采用甲级防火门、窗。

（4）锅炉房内设置储油间时，其总储存量不应大于$1m^3$，且储油间应采用耐火极限不低于3.00h的防火隔墙与锅炉间分隔；确需在防火隔墙上设置门时，应采用甲级防火门。

（5）变压器室之间、变压器室与配电室之间，应设置耐火极限不低于2.00h的防火隔墙。

（6）油浸变压器、多油开关室、高压电容器室，应设置防止油品流散的设施。油浸变压器下面应设置能储存变压器全部油量的事故储油设施。

（7）应设置火灾报警装置。

（8）应设置与锅炉、变压器、电容器和多油开关等的容量及建筑规模相适应的灭火设施，当建筑内其他部位设置自动喷水灭

火系统时，应设置自动喷水灭火系统。

（9）锅炉的容量应符合现行国家标准《锅炉房设计规范》GB 50041 的规定。油浸变压器的总容量不应大于 1260kV·A，单台容量不应大于 630kV·A。

（10）燃气锅炉房应设置爆炸泄压设施。燃油或燃气锅炉房应设置独立的通风系统，并应符合本规范第9章的规定。

《防火规范》5.4.12

2. 锅炉房防爆规定

锅炉房的外墙、楼地面或屋面应有相应的防爆措施，并应有相当于锅炉间占地面积10％的泄压面积。泄压方向不得朝向人员聚集的场所、房间和人行道。泄压处也不得与这些部位相邻。地下锅炉房采用竖井泄爆方式时，竖井的净横断面积应满足泄压面积的要求。

当泄压面积不能满足上述要求时，可采用在锅炉房的内墙和顶部敷设金属爆炸减压板作补充。

泄压面积可将玻璃窗、天窗、质量小于等于 $120kg/m^2$ 的轻质和薄弱墙等面积包括在内。

《锅炉房设计规范》15.1.2

3. 柴油发电机房防火分区设置规定

布置在民用建筑内的柴油发电机房应符合下列规定：

（1）宜布置在首层或地下一、二层。

（2）不应布置在人员密集场所的上一层、下一层或贴邻。

（3）应采用耐火极限不低于2.00h 的防火隔墙和1.50h 的不燃性楼板与其他部位分隔，门应采用甲级防火门。

（4）机房内设置储油间时，其总储存量不应大于 $1m^3$，储油间应采用耐火极限不低于3.00h 的防火隔墙与发电机间分隔；确需在防火隔墙上开门时，应设置甲级防火门。

（5）应设置火灾报警装置。

（6）应设置与柴油发电机容量和建筑规模相适应的灭火设施，当建筑内其他部位设置自动喷水灭火系统时，机房内应设置自动喷水灭火系统。

《防火规范》5.4.13

9.1.9 汽车库防火分区设置规定

1. 汽车库防火分区的最大允许建筑面积见表 9-2。

汽车库防火分区的最大允许建筑面积（m²）　　表 9-2

耐火等级	单层汽车库	多层汽车库、半地下汽车库	高层汽车库、地下汽车库
一、二级	3000	2500	2000
三级	1000	—	—

2. 设置自动灭火系统的汽车库，其每个防火分区的最大允许建筑面积不应大于上表规定的 2.0 倍。

3. 敞开式、错层式、斜楼板式汽车库的上、下连通层面积应叠加计算，每个防火分区的最大允许建筑面积不应大于上表规定的 2.0 倍。

4. 室内有车道且有人员停留的复式机动车库，其防火分区最大允许建筑面积应按上表规定减少 35%。

5. 室内无车道且无驾驶人员停留的机械式汽车库应符合下列规定：

（1）当停车数量超过 100 辆时，应采用无门、窗、洞口的防火墙分隔为多个停车数量不大于 100 辆的区域；但当采用防火隔墙和耐火极限不低于 1.00h 的不燃性楼板分隔成多个停车单元，且每个停车单元内的停车数量不大于 3 辆时，应分隔为停车数量不大于 300 辆的区域；

（2）汽车库内应设置火灾自动报警系统和自动喷水灭火系统；

（3）楼梯间及停车区检修通道上应设置消火栓；

（4）汽车库内应设置排烟设施；排烟口应设于运输车辆通道的顶部。

6. 甲、乙类物品运输车的汽车库、修车库，每个防火分区的最大允许建筑面积不应大于 500m²。

7. 修车库每个防火分区最大允许建筑面积不应大于 $2000m^2$，当修车部位与相邻使用有机溶剂的清洗和喷漆工段采用防火墙分隔时，每个防火分区的最大允许建筑面积不应大于 $4000m^2$。

8. 汽车库、修车库与其他建筑合建时，应符合下列规定：

（1）当贴邻建造时，应采用防火墙隔开；

（2）设在建筑物内的汽车库（包括屋顶停车场）、修车库与其他部位之间，应采用防火墙与耐火极限不低于 2.00h 的不燃性楼板分隔；

（3）汽车库、修车库的外墙门，洞口上方应设置耐火极限不低于 1.00h、宽度不小于 1.00m、长度不小于开口宽度的不燃性防火挑檐。

9. 汽车库内设置修理车位时，停车部位与修车部位之间应采用防火墙和耐火极限不低于 2.00h 的不燃性楼板分隔。

10. 修车库内使用有机溶剂清洗和喷漆的工段，当超过 3 个车位时，均应采用防火隔墙等分隔措施。

11. 附设在汽车库，修车库内的消防控制室、自动灭火系统的设备室、消防水泵房和排烟、通风空调机房等，应采用防火隔墙和耐火极限不低于 1.50h 的不燃性楼板相互隔开或与相邻部位分隔。

《汽车库防规》5.1

［编者注释：

汽车库防火分区设置规定的最后一条内容选自《汽车库防规》5.1.19，该条条文说明中标示："附设在汽车库、修车库内且为汽车库、修车库服务的变配电室、柴油发电机房等常见的设备用房也应按照本条的规定采取相应的防火分隔措施"。

防火隔墙不同于要求耐火极限不低于 3.00h 的防火墙，分隔防火分区必须采用防火墙（或符合规范规定的防火卷帘）。一些设备房间如为隶属于汽车库、专门为汽车库服务的配套用房，可按上述规定将此类设备房间作为汽车库的组成部分设置于标准为不大于 $4000m^2$（地下车库、高层车库）、$5000m^2$（半地下车库、多层车库)、6000m²（单层车库）的汽车库防火分区内并按规范规定采取相应的防火分隔措施。

　　有时一些不专门隶属于汽车库的房间，如社区的锅炉房、消防控制室、消防水泵房、变配电所、柴油发电机房、仓库等需设置在地下汽车库的同一区域内，因为规范对这些房间与汽车库的防火分区最大允许建筑面积各自有不同的规定。如：锅炉房作为丙、丁类生产厂房，设置在地下室时防火分区最大允许建筑面积为500m²（设置自动灭火系统为1000m²），一、二级耐火等级的难燃物品仓库及消防控制室等其他设备房间设置在地下室时也是这一标准，而地下汽车库的防火分区最大允许建筑面积高达4000m²。显然，将这两类不同面积标准的房间均按地下车库防火分区最大允许建筑面积4000m²的标准设置在同一防火分区内，确与规范有关防火分区最大允许建筑面积的规定不相符。上述房间设置在地下车库防火分区内时，应该按规范规定标准和要求设置防火墙和直通室外的安全出口，单独划分防火分区。]

9.2　厂房、库房防火分区划分规定

9.2.1　厂房的防火分区划分规定

1. 厂房的耐火等级、层数和占地面积见表9-3。

厂房的耐火等级、层数和占地面积　　　　表9-3

生产类别	耐火等级	最多允许层数	防火分区最大允许占地面积(m²)			
			单层厂房	多层厂房	高层厂房	厂房的地下室和半地下室
甲	一级	除生产必须采用多层者外，宜采用单层	4000	3000	—	—
	二级		3000	2000	—	—
乙	一级	不限	5000	4000	2000	—
	二级	6	4000	3000	1500	—
丙	一级	不限	不限	6000	3000	500
	二级	不限	8000	4000	2000	500
	三级	2	3000	2000	—	—

生产类别	耐火等级	最多允许层数	防火分区最大允许占地面积(m²)			
			单层厂房	多层厂房	高层厂房	厂房的地下室和半地下室
丁	一、二级	不限	不限	不限	4000	1000
	三级	3	4000	2000	—	—
	四级	1	1000	—	—	—
戊	一、二级	不限	不限	不限	6000	1000
	三级	3	5000	3000	—	—
	四级	1	1500	—	—	—

注：除甲类厂房以外的一、二级耐火等级的单层厂房，如面积超过本表规定，
　　设置防火墙有困难时，可用防火水幕带或防火卷帘加水幕分隔。

《防火规范》3.3.1

2. 厂房内设置自动灭火系统时，每个防火分区的最大允许建筑面积可按表 9-3 的规定增加 1.0 倍。当丁、戊类的地上厂房内设置自动灭火系统时，每个防火分区的最大允许建筑面积不限。

仓库内设置自动灭火系统时，每座仓库最大允许占地面积和每个防火分区最大允许建筑面积可按表 9-4 的规定增加 1.0 倍。

厂房内局部设置自动灭火系统时，其防火分区增加面积可按该局部面积的 1.0 倍计算。

《防火规范》3.3.3

3. 甲、乙类生产场所不应设置在地下或半地下。甲、乙类仓库不应设置在地下或半地下。

《防火规范》3.3.4

4. 厂房内严禁设置员工宿舍。

办公室、休息室等不应设置在甲、乙类厂房内，当必须与本厂房贴邻建造时，其耐火等级不应低于二级，并应采用耐火极限不低于 3.00h 的不燃烧体防爆墙隔开和设置独立的安全出口。

在丙类厂房内设置的办公室、休息室，应采用耐火极限不低于 2.50h 的不燃烧体隔墙和不低于 1.00h 的楼板与厂房隔开，并

应至少设置1个独立的安全出口。如隔墙上需开设相互连通的门时，应采用乙级防火门。

《防火规范》3.3.5

9.2.2 库房防火分区划分规定

1. 库房的耐火等级、层数和建筑面积见表 9-4。

库房的耐火等级、层数和建筑面积　　　　表 9-4

储存物品类别		耐火等级	最多允许层数	最大允许建筑面积（m²）						
				单层库房		多层库房		高层库房		库房地下室半地下室
				每座库房	防火分区	每座库房	防火分区	每座库房	防火分区	防火分区
甲	3、4项	一级	1	180	60	—				
	1、2、5、6项	一、二级	1	750	250	—				
乙	1、3、4项	一、二级	3	2000	500	900	300			
		三级	1	500	250					
	2、5、6项	一、二级	5	2800	700	1500	500			
		三级	1	900	300					
丙	1项	一、二级	5	4000	1000	2800	700			150
		三级	1	1200	400					
	2项	一、二级	不限	6000	1500	4800	1200	4000	1000	300
		三级	3	2100	700	1200	400	—		
丁		一、二级	不限	不限	3000	不限	1500	4800	1200	500
		三级	3	3000	1000	1500	500	—		
		四级	1	2100	700					
戊		一、二级	不限	不限	不限	不限	200	6000	1500	1000
		三级	3	3000	1000	2100	700	—		
		四级	1	2100	700					

注：仓库防火分区间必须采用防火墙分隔。甲、乙类仓库内防火分区间的防火墙不应开设门、窗、洞口。

《防火规范》3.3.2

2. 仓库内严禁设置员工宿舍。

甲、乙类仓库内严禁设置办公室、休息室等，并不应贴邻建造。

在丙、丁类仓库内设置的办公室、休息室，应采用耐火极限不低于2.50h的不燃烧体隔墙和不低于1.00h的楼板与库房隔开，并应设置独立的安全出口。如隔墙上需开设相互连通的门时，应采用乙级防火门。

《防火规范》3.3.9

3. 同一座仓库或仓库的任一防火分区内储存不同火灾危险性物品时，仓库或防火分区的火灾危险性应按火灾危险性最大的物品确定。

《防火规范》3.1.4

9.2.3　物流建筑的防火设计

1. 当建筑功能以分拣、加工等作业为主时，应按本规范有关厂房的规定确定，其中仓储部分应按中间仓库确定；

2. 当建筑功能以仓储为主或建筑难以区分主要功能时，应按本规范有关仓库的规定确定，但当分拣等作业区采用防火墙与储存区完全分隔时，作业区和储存区的防火要求可分别按本规范有关厂房和仓库的规定确定。其中，当分拣等作业区采用防火墙与储存区完全分隔且符合下列条件时，除自动化控制的丙类高架仓库外，储存区的防火分区最大允许建筑面积和储存区部分建筑的最大允许占地面积，可按本规范表3.3.2（不含注）的规定增加3.0倍：

（1）储存除可燃液体、棉、麻、丝、毛及其他纺织品、泡沫塑料等物品外的丙类物品且建筑的耐火等级不低于一级；

（2）储存丁、戊类物品且建筑的耐火等级不低于二级；

（3）建筑内全部设置自动水灭火系统和火灾自动报警系统。

《防火规范》3.3.10

9.3　人防工程防火分区划分规定

9.3.1　防火分区应在各安全出口处的防火门范围内划分。

9.3.2 每个防火分区的最大允许建筑面积除另有规定者外不应大于500m²。当设有自动灭火系统时，允许最大建筑面积可增加一倍。

《人防防规》4.1.2

9.3.3 人防工程中商业营业厅、展厅等的防火分区最大允许建筑面积应≤2000m²；电影院、礼堂观众厅不论有无自动报警和灭火系统，其防火分区最大允许建筑面积均不得大于1000m²。

《人防防规》4.1.3

9.3.4 人防工程内的歌舞娱乐放映游艺场所应采用耐火极限不少于2.0h的隔墙与其他场所隔开，一个厅室的建筑面积不应大于200m²。当墙上开门时应为不低于乙级的防火门。

《人防防规》4.2.4

9.3.5 人防工程库房防火分区允许最大建筑面积规定如下：

丙类库：燃点≥60℃可燃液体库：150m²

可燃固体库：　　　　　　　300m²

丁类库：　　　　　　　　　500m²

戊类库：　　　　　　　　　1000m²

设置有自动报警和自动灭火系统时以上规定面积可增加一倍。

《人防防规》4.1.4

水泵房、水库、卫生间等无可燃物的房间可不计入防火分区面积内。

《人防防规》4.1.1

9.3.6 人防工程防火分区划分宜与防护单元划分相结合。

《人防防规》4.1.1

附：人防工程防护单元、抗爆单元设置规定：

1. 人防工程上部建筑层数≤9层时，见表9-5。

建　筑　类　别		防护单元（m²）	抗爆单元（m²）
专业队掩蔽所	队员掩蔽所	≤1000	≤500
	装备掩蔽所	≤4000	≤2000
人员掩蔽所		≤2000	≤500
配套工程		≤4000	≤2000
医疗救护工程		≤1000	≤500

2. 当人防上部建筑层数≥10 层，可不划分防护单元和抗爆单元；人防内部为小开间布置时可不划分抗爆单元。

3. 对于多层的乙类防空地下室和多层的核 5 级、核 6 级、核 6B 级的甲类防空地下室，当其上下相邻楼层划分为不同防护单元时，位于下层及以下的各层可不再划分防护单元和抗爆单元。

《人防设计规范》3.2.6

［编者注释：

1. 对平时、战时使用功能不同的人防工程，防火分区划分应按"平战结合"的方式，依照平时使用功能划分防火分区，同时应具备临战时按规范要求进行防火分区平战转换改造的条件。

2. 划分防火分区，楼梯间是否包括在防火分区范围内？

《人防防规》4.1.1.1 条标示："防火分区应在各安全出口处的防火门范围内划分"。此意为楼梯间可不包括在防火分区内。

《防火规范》在正文中对此未有说明，而在其 5.3.1 条条文说明中明示"防火分区的建筑面积包括各类楼梯间的建筑面积"。

笔者比较认同"防火分区应在各安全出口处的防火门范围内划分"的表述。其理念清晰、合理、简明可行，适用于所有平面设计。而在一些有多个防火分区共用避难走道这类相对复杂的平面设计中，划分防火分区时，如何将各类楼梯间建筑面积纳入防火分区？将哪个楼梯间纳入哪个防火分区？实际操作会出现问题。

其实，楼梯间面积有限，划入或不划入防火分区只是在防火分区建筑面积临近限值时会对防火分区划分有影响，除此之外不会对全局产生其他问题。显然，相比于两条规范规定，《人防防规》4.1.1.1条规定比较合情合理。

然而，设计人应养成"严格执行规范规定"的职业习惯。"防火分区的建筑面积包括各类楼梯间的建筑面积"虽然只是在《防火规范》条文说明中的表述，我们可质疑，却不可违拗。除人防工程设计可采用《人防防规》4.1.1.1条规定外，其他工程设计一般情况下宜将楼梯间纳入防火分区计算建筑面积。]

9.4 木结构建筑防火分区划分规定

木结构建筑中防火墙间的允许建筑长度和
每层最大允许建筑面积   表9-6

层数(层)	防火墙间的允许建筑长度(m)	防火墙间的每层最大允许建筑面积(m²)
1	100	1800
2	80	900
3	60	600

注：①当设置自动喷水灭火系统时，防火墙间的允许建筑长度和每层最大允许建筑面积可按本表的规定增加1.0倍，对于丁、戊类地上厂房，防火墙间的每层最大允许建筑面积不限。
②体育场馆等高大空间建筑，其建筑高度和建筑面积可适当增加。

《防火规范》11.0.3

10 建筑防烟、排烟

10.0.1 建筑的下列场所或部位应设置防烟设施：

1. 防烟楼梯间及其前室；

2. 消防电梯间前室或合用前室；

3. 避难走道的前室、避难层（间）。

建筑高度不大于 50m 的公共建筑、厂房、仓库和建筑高度不大于 100m 的住宅建筑，当其防烟楼梯间的前室或合用前室符合下列条件之一时，楼梯间可不设置防烟系统：

1. 前室或合用前室采用敞开的阳台、凹廊；

2. 前室或合用前室具有不同朝向的可开启外窗，且可开启外窗的面积满足自然排烟口的面积要求。

《防火规范》8.5.1

10.0.2 厂房或仓库的下列场所或部位应设置排烟设施：

1. 丙类厂房内建筑面积大于 300m² 且经常有人停留或可燃物较多的地上房间，人员或可燃物较多的丙类生产场所；

2. 建筑面积大于 5000m² 的丁类生产车间；

3. 占地面积大于 1000m² 的丙类仓库；

4. 高度大于 32m 的高层厂房（仓库）内长度大于 20m 的疏散走道，其他厂房（仓库）内长度大于 40m 的疏散走道。

《防火规范》8.5.2

10.0.3 民用建筑的下列场所或部位应设置排烟设施：

1. 设置在一、二、三层且房间建筑面积大于 100m² 的歌舞娱乐放映游艺场所，设置在四层及以上楼层、地下或半地下的歌舞娱乐放映游艺场所；

2. 中庭；

3. 公共建筑内建筑面积大于 100m² 且经常有人停留的地上

房间；

4. 公共建筑内建筑面积大于 $300m^2$ 且可燃物较多的地上房间；

5. 建筑内长度大于 20m 的疏散走道。

《防火规范》8.5.3

地下或半地下建筑（室）、地上建筑内的无窗房间，当总建筑面积大于 $200m^2$ 或一个房间建筑面积大于 $50m^2$，且经常有人停留或可燃物较多时，应设置排烟设施。

《防火规范》8.5.4

［编者注释：

《防火规范》8.5.1 条规定：防烟楼梯间的前室或合用前室具有不同朝向的可开启外窗，可开启面积满足自然排烟口的面积要求时，楼梯间可不设置防烟系统。

外窗"可开启面积"可参照《全国民用建筑工程设计技术措施》8.3.3.10 条规定：防烟楼梯间外窗，每 5 层可开启外窗面积 $\geqslant 2m^2$。

防烟楼梯间前室外窗可开启面积 $\geqslant 2m^2$；合用前室外窗可开启面积 $\geqslant 3m^2$。］

11 安 全 疏 散

11.1 安全出口设置规定

11.1.1 建筑安全出口设置一般规定

1. 建筑内的安全出口和疏散门应分散布置，且建筑内每个防火分区或一个防火分区的每个楼层、每个住宅单元每层相邻两个安全出口以及每个房间相邻两个疏散门最近边缘之间的水平距离不应小于5m。

《防火规范》5.5.2

2. 高层建筑直通室外的安全出口上方，应设置挑出宽度不小于1.0m的防护挑檐。

《防火规范》5.5.7

3. 内有可燃物的闷顶，应在每个防火隔断范围内设置净宽度和净高度均不小于0.7m的闷顶入口；对于公共建筑，每个防火隔断范围内的闷顶入口不宜小于2个。闷顶入口宜布置在走廊中靠近楼梯间的部位。

《防火规范》6.3.3

11.1.2 公共建筑安全出口设置规定

1. 公共建筑安全出口设置的一般规定：

（1）公共建筑内每个防火分区或一个防火分区的每个楼层，其安全出口的数量应经计算确定，且不应少于2个。符合下列条件之一的公共建筑，可设置1个安全出口或1部疏散楼梯：

① 除托儿所、幼儿园外，建筑面积不大于200m² 且人数不超过50人的单层公共建筑或多层公共建筑的首层；

② 除医疗建筑，老年人建筑，托儿所、幼儿园的儿童用房，

儿童游乐厅等儿童活动场所和歌舞娱乐放映游艺场所等外，符合表 11-1 规定的公共建筑。

可设置 1 部疏散楼梯的公共建筑　　**表 11-1**

耐火等级	最多层数	每层最大建筑面积（m²）	人　　数
一、二级	3 层	200	第二、三层的人数之和不超过 50 人
三级	3 层	200	第二、三层的人数之和不超过 25 人
四级	2 层	200	第二层人数不超过 15 人

《防火规范》5.5.8

［编者注释：

建筑内每个防火分区或一个防火分区的每个楼层按规范要求设置的安全出口必须通过走廊等公共空间通达防火分区或楼层的每个房间和部位。防火分区或楼层有多个房间时，设置在某一房间内的楼梯间或通室外的出口只计为该房间的安全出口，不应计入规范规定设置的防火分区有效公共安全疏散出口之内。］

（2）一、二级耐火等级公共建筑内的安全出口全部直通室外确有困难的防火分区，可利用通向相邻防火分区的甲级防火门作为安全出口，但应符合下列要求：

① 利用通向相邻防火分区的甲级防火门作为安全出口时，应采用防火墙与相邻防火分区进行分隔；

② 建筑面积大于 1000m² 的防火分区，直通室外的安全出口不应少于 2 个；建筑面积不大于 1000m² 的防火分区，直通室外的安全出口不应少于 1 个；

③该防火分区通向相邻防火分区的疏散净宽度不应大于其按本规范第 5.5.21 条规定计算所需疏散总净宽度的 30%，建筑各层直通室外的安全出口总净宽度不应小于按照本规范第 5.5.21 条规定计算所需疏散总净宽度。

《防火规范》5.5.9

（3）设置不少于 2 部疏散楼梯的一、二级耐火等级多层公共建筑，如顶层局部升高，当高出部分的层数不超过 2 层、人数之和不超过 50 人且每层建筑面积不大于 200m^2 时，高出部分可设置 1 部疏散楼梯，但至少应另外设置 1 个直通建筑主体上人平屋面的安全出口，且上人屋面应符合人员安全疏散的要求。

《防火规范》5.5.11

（4）公共建筑内房间的疏散门数量应经计算确定且不应少于 2 个。除托儿所、幼儿园、老年人建筑、医疗建筑、教学建筑内位于走道尽端的房间外，符合下列条件之一的房间可设置 1 个疏散门：

① 位于两个安全出口之间或袋形走道两侧的房间，对于托儿所、幼儿园、老年人建筑，建筑面积不大于 50m^2；对于医疗建筑、教学建筑，建筑面积不大于 75m^2；对于其他建筑或场所，建筑面积不大于 120m^2。

② 位于走道尽端的房间，建筑面积小于 50m^2 且疏散门的净宽度不小于 0.90m，或由房间内任一点至疏散门的直线距离不大于 15m、建筑面积不大于 200m^2 且疏散门的净宽度不小于 1.40m。

③ 歌舞娱乐放映游艺场所内建筑面积不大于 50m^2 且经常停留人数不超过 15 人厅、室。

《防火规范》5.5.15

2. 剧场、电影院、礼堂和体育馆的观众厅或多功能厅安全出口设置规定：

（1）疏散门的数量应经计算确定且不应少于 2 个，并应符合下列规定：

① 对于剧场、电影院、礼堂的观众厅或多功能厅，每个疏散门的平均疏散人数不应超过 250 人；当容纳人数超过 2000 人时，其超过 2000 人的部分，每个疏散门的平均疏散人数不应超过 400 人。

② 对于体育馆的观众厅，每个疏散门的平均疏散人数不宜超过 400 人～700 人。

《防火规范》5.5.16

（2）剧场、电影院、礼堂宜设置在独立的建筑内，确需设置在其他民用建筑内时，至少应设置一个独立的安全出口和疏散楼梯，且观众厅宜布置在一、二级耐火等级建筑的首层，二层或三层；确需布置在四层及以上楼层时，一个厅、室的疏散门不应少于2个，且每个观众厅的建筑面积不宜大于400m²。

《防火规范》5.4.7.2

3. 中小学校安全出口设置规定：

除建筑面积不大于200m²、人数不超过50人的单层建筑外，每栋建筑应设置2个出入口，非完全小学内，单栋面积不超过500m²、耐火等级为一、二级的低层建筑可一个出入口。

《中小学设计规范》8.5.1

4. 托儿所、幼儿园、老年人活动场所和儿童游乐厅安全出口设置规定：

托儿所、幼儿园的儿童用房、老年人活动场所和儿童游乐厅等儿童活动场所宜设置在独立的建筑内。确需设置在其他民用建筑内时，设置在高层建筑内的，应设置独立的安全出口和疏散楼梯；设置在单多层建筑内的，宜设置独立的安全出口和疏散楼梯。

《防火规范》5.4.4

5. 建筑内的会议厅、多功能厅等人员密集的场所，宜布置在首层、二层或三层。确需布置在一、二级耐火等级的其他楼层时，一个厅、室疏散门不应少于2个，且建筑面积不宜大于400m²。

《防火规范》5.4.8

6. 综合医院安全出口设置规定：

（1）每个护理单元应有两个不同方向的安全出口；

（2）尽端式护理单元或自成一区的治疗用房，其最远一个房间门至外部安全出口的距离和房间内最远一点到房门的距离均未超过建筑设计防火规范规定时，可设一个安全出口。

《综合医院建筑设计规范》5.24.3

7. 商店建筑安全出口设置规定：

117

（1）除为综合建筑配套服务且建筑面积小于 1000m² 的商店外，综合性建筑的商店部分应采用耐火极限不低于 2.0h 的隔墙和不低于 1.5h 的不燃体楼板与建筑的其他部分隔开。商店部分的安全出口必须与建筑其他部分隔开。

（旅馆等建筑中配套设置的商店，因功能联系、紧密、规模较小，人员密度低，可以不按该条执行）

《商店建筑设计规范》5.1.4 及条文说明

（2）大型商店的营业厅，设置在五层及以上时，应设置不少于 2 个直通屋顶平台的疏散楼梯间。屋顶平台上无障碍物的避难面积不宜小于最大营业层建筑面积的 50%。

《商店建筑设计规范》5.2.5

8. 办公建筑安全出口设置规定：

综合楼内的办公部分的疏散出入口不应与同一楼内对外的商场、营业厅、娱乐、餐饮等人员密集场所的疏散出入口共用。

《办公建筑设计规范》5.0.3

11.1.3 住宅建筑安全出口设置规定

1. 建筑高度大于 27m，但不大于 54m 的住宅建筑，每个单元设置一座疏散楼梯时，疏散楼梯应通至屋面，且单元之间的疏散楼梯应能通过屋面连通，户门应采用乙级防火门。当不能通至屋面或不能通过屋面连通时，应设置 2 个安全出口。

《防火规范》5.5.26

2. 建筑高度不大于 27m 的住宅建筑，当每个单元任一层的建筑面积大于 650m²，或任一户门至最近安全出口的距离大于 15m 时，每个单元每层的安全出口不应小于 2 个；

建筑高度大于 27m，不大于 54m 的住宅建筑，当每个单元任一层的建筑面积大于 650m²，或任一户门至最近安全出口的距离大于 10m 时，每个单元每层的安全出口不应小于 2 个；

建筑高度大于 54m 的住宅建筑，每个单元每层的安全出口不应小于 2 个。

《防火规范》5.5.25

3. 当住宅与其他功能空间处于同一建筑内时，住宅部分与非住宅部分的安全出口和疏散楼梯应独立放置。

《住宅建规》9.1.3

4. 设置商业服务网点的住宅建筑，其居住部分与商业服务网点之间应采用耐火极限不低于 2.00h 且无门、窗、洞口的防火隔墙和 1.50h 的不燃性楼板完全分隔，住宅部分和商业服务网点部分的安全出口和疏散楼梯应分别独立设置。

商业服务网点中每个分隔单元之间应采用耐火极限不低于 2.00h 且无门、窗、洞口的防火隔墙相互分隔，当每个分隔单元任一层建筑面积大于 200m² 时，该层应设置 2 个安全出口或疏散门。

设有商业服务网点的住宅建筑仍可按照住宅建筑定性来进行防火设计，住宅部分的设计要求要根据该建筑的总高度来确定。

对于单层的商业服务网点，当建筑面积大于 200m² 时，需设置 2 个安全出口。对于 2 层的商业服务网点，当首层的建筑面积大于 200m² 时，首层需设置 2 个安全出口，二层可通过 1 部楼梯到达首层。当二层的建筑面积大于 200m² 时，二层需设置 2 部楼梯，首层需设置 2 个安全出口；当二层设置 1 部楼梯时，二层需增设 1 个通向公共疏散走道的疏散门且疏散走道可通过公共楼梯到达室外，首层可设置 1 个安全出口。

《防火规范》5.4.11 及条文说明

11.1.4 地下、半地下建筑安全出口设置规定

除人员密集场所外，建筑面积不大于 500m²、使用人数不超过 30 人且埋深不大于 10m 的地下或半地下建筑（室），当需要设置 2 个安全出口时，其中一个安全出口可利用直通室外的金属竖向梯。

除歌舞娱乐放映游艺场所外，防火分区建筑面积不大于 200m² 的地下或半地下设备间、防火分区建筑面积不大于 50m² 且经常停留人数不超过 15 人的其他地下或半地下建筑（室），可设置 1 个安全出口或 1 部疏散楼梯。

除本规范另有规定外，建筑面积不大于 $200m^2$ 的地下或半地下设备间、建筑面积不大于 $50m^2$ 且经常停留人数不超过15人的其他地下或半地下房间，可设置 1 个疏散门。

《防火规范》5.5.5

[编者注释：

《防火规范》5.5.9条规定适用于包括地下、半地下建筑在内的所有一、二级耐火等级的公共建筑。可按其规定将通向相邻防火分区的甲级防火门做为地下、半地下建筑的安全出口。]

11.1.5 汽车库安全出口设置规定

1. 汽车库人员安全出口设置规定：

（1）汽车库、修车库的人员安全出口和汽车疏散出口分开设置；

（2）除室内无车道，且无人员停留的机械式汽车库外，汽车库、修车库内每个防火分区的人员安全出口不应少于 2 个，Ⅳ类汽车库和Ⅲ、Ⅳ类修车库可设置 1 个人员安全疏散出口。

《汽车库防规》6.0.1；6.0.2

2. 机动车库车辆出入口设置规定：

（1）车辆出入口的最小间距不应小于 15m。

（2）车辆出入口宽度，双向行驶时不应小于 7m。

单向行驶时不应小于 4m。

（3）机动车库出入口和车道数量应符合表 11-2 的规定。

机动车库出入口和车道数量 表 11-2

停车当量（辆）出入口及车道数量	特大型库	大型库		中型库		小型库	
	>1000	501~1000	301~500	101~300	51~100	25~50	<25
出入口数量	≥3	≥2		≥2	≥1	≥1	
车道数 非居住建筑	≥5	≥4	≥3	≥2		≥2	≥1
车道数 居住建筑	≥3	≥2	≥2	≥2		≥2	≥1

（4）机动车库的人员出入口与车辆出入口应分开设置。

《车库设计规范》4.2

（5）地下车库出入口与道路垂直时，出入口与道路红线应保持不小于 7.50m 的安全距离；

地下车库出入口与道路平行时，应经不小于 7.50m 长的缓冲车道汇入基地道路。

《通则》5.2.4

（6）汽车库、修车库的汽车疏散出口不应少于 2 个，且应分散布置。

当符合下列条件之一时，汽车库、修车库的汽车疏散出口可设置一个：

① Ⅳ类车库；

② 设置双车道汽车疏散出口的Ⅲ类地上车库；

③ 设置双车道汽车疏散出口，行车数量小于等于 100 辆且建筑面积小于 4000m² 的地下、半地下汽车库；

④ Ⅱ、Ⅲ、Ⅳ类修车库。

《汽车库防规》6.0.10

11.1.6 非机动车库出入口设置规定

1. 停车当量数不大于 500 辆时，可设置一个直通室外的带坡道的车辆出入口；超过 500 辆时应设两个或以上出入口，且每增加 500 辆宜增设一个出入口。

2. 非机动车库出入口宜采用直线型坡道、坡长越过 6.8m 或转换方向时，应设长度不小于 2.0m 的休息平台。

3. 踏步式出入口推车斜坡坡度不应小于 25%，单向净宽不应小于 0.35m，总净宽不应小于 1.80m。

坡道式出入口斜坡坡度不宜小于 15%，坡道宽度不应小于 1.80m。

《车库设计规范》6.2

11.1.7 锅炉房、变配电室、消防水泵房、消防控制室疏散门设置规定

1. 锅炉房、变压器室的疏散门均应直通室外或安全出口。

《防火规范》5.4.12.2

2. 消防水泵房的疏散门应直通室外或安全出口。

《防火规范》8.1.6.3

3. 消防控制室的疏散门应直通室外或安全出口。

《防火规范》8.1.7.4

4. 消防控制室应设置在建筑物的首层或地下一层，当设在首层时，应有直通室外的安全出口，当设在地下一层时，距通往室外安全出口不应大于20m，且应有明显标志。

《民用建筑电气设计规范》13.11.6.1

[编者注释：

1. 《防火规范》5.4.12.2条所示锅炉房、变压器室应特指为燃油、燃气锅炉房和油浸变压器室。

2. 条文中规定锅炉房、变配电室、消防水泵房和消防控制室的疏散门应"直通室外"系指疏散出口不经过其他用途的房间和空间直接开向室外。条文说明并标示："疏散门靠近室外出口，只经过一条短距离疏散走道直接到达室外"或"开设在建筑首层门厅大门附近的疏散门"均可视为"直通室外"。

3. 条文规定上述房间疏散门应"直通安全出口"系指上述房间在所在防火分区内，不需经过其他用途的房间或空间直接通过疏散走道连通到进入疏散楼梯间或直通室外的门。

4. 出口安全疏散距离应符合《防火规范》5.5.17条规定。]

5. 长度大于7m的配电装置室应设两个出口，并宜布置在配电室两端；

当变配电所采用双层布置时，位于楼上的配电装置室应至少设一个通向室外的平台或通道的出口。

《民用建筑电气设计规范》4.9.11

6. 锅炉房出入口设置必须符合下列规定：

（1）出入口不应少于两个。但对独立设置的锅炉房，当炉前走道总长度小于12m，且总建筑面积小于200m² 时，其出入口可设1个；

（2）非独立放置的锅炉房，其人员出入口必须有一个直通室外；

（3）锅炉房为多层布置时，其各层的人员出入口不应小于2个，楼层上的人员出入口应有直接通向地面的安全疏散楼梯。

《锅炉房设计规范》4.3.7

11.1.8 厂房安全出口设置规定

1. 厂房的安全出口应分散布置。每个防火分区或一个防火分区的每个楼层，其相邻2个安全出口最近边缘之间的水平距离不应小于5m。

2. 厂房内每个防火分区或一个防火分区内的每个楼层，其安全出口的数量应经计算确定，且不应少于2个；当符合下列条件时，可设置1个安全出口：

（1）甲类厂房，每层建筑面积不大于$100m^2$，且同一时间的作业人数不超过5人；

（2）乙类厂房，每层建筑面积不大于$150m^2$，且同一时间的作业人数不超过10人；

（3）丙类厂房，每层建筑面积不大于$250m^2$，且同一时间的作业人数不超过20人；

（4）丁、戊类厂房，每层建筑面积不大于$400m^2$，且同一时间的作业人数不超过30人；

（5）地下或半地下厂房（包括地下或半地下室），每层建筑面积不大于$50m^2$，且同一时间的作业人数不超过15人。

3. 地下或半地下厂房（包括地下或半地下室），当有多个防火分区相邻布置，并采用防火墙分隔时，每个防火分区可利用防火墙上通向相邻防火分区的甲级防火门作为第二安全出口，但每个防火分区必须至少有1个直通室外的独立安全出口。

《防火规范》3.7.1；3.7.2；3.7.3

11.1.9 仓库安全出口设置规定

1. 仓库的安全出口应分散布置。每个防火分区或一个防火分区的每个楼层，其相邻2个安全出口最近边缘之间的水平距离不应小于5m。

2. 每座仓库的安全出口不应少于2个，当一座仓库的占地面积不大于$300m^2$时，可设置1个安全出口。仓库内每个防火分区通向疏散走道、楼梯或室外的出口不宜少于 2 个，当防火分区的建筑面积不大于 100m² 时，可设置 1 个出口。通向疏散走道或楼梯的门应为乙级防火门。

3. 地下或半地下仓库（包括地下或半地下室）的安全出口不应少于 2 个；当建筑面积不大于 100m² 时，可设置 1 个安全出口。

地下或半地下仓库（包括地下或半地下室），当有多个防火分区相邻布置并采用防火墙分隔时，每个防火分区可利用防火墙上通向相邻防火分区的甲级防火门作为第二安全出口，但每个防火分区必须至少有 1 个直通室外的安全出口。

4. 冷库、粮食筒仓、金库的安全疏散设计应分别符合现行国家标准《冷库设计规范》GB 50072 和《粮食钢板筒仓设计规范》GB 50322 等标准的规定。

粮食筒仓上层面积小于 1000m²，且作业人数不超过 2 人时，可设置 1 个安全出口。

《防火规范》3.8

11.1.10　人防工程出口设置规定

1. 每个防火分区安全出口数量不应少于 2 个。

2. 当有 2 个或 2 个以上防火分区相邻，且将相邻防火分区之间防火墙上设置的防火门作为安全出口时，防火分区安全出口应符合下列规定：

（1）防火分区建筑面积大于 1000m² 的商业营业厅，展览厅等场所，设置通向室外、直通室外的疏散楼梯间或避难走道的安全出口不得少于 2 个；

（2）防火分区不大于 1000m² 的商业营业厅、展览厅等场所，设置通向室外、直通室外的疏散楼梯间或避难走道的安全出口不得少于 1 个。

（3）建筑面积不大于 500m²，且室内地面与室外出入口地坪高差不大于 10m，容纳人数不大于 30 人的防火分区，当设置有采光或通风用的竖井，且竖井内有金属梯直通地面，防火分区通向竖井处设置不低于乙级的常闭防火门时，可只设置一个通向室外，直通室外的疏散楼梯间或避难走道的安全出口；也可设置一个与相邻防火分区相通的防火门。

（4）建筑面积不大于 200m², 且经常停留人数不超过 15 人时，可设置一个通向相邻防火分区的防火门。

《人防防规》5.1.1

3. 防空地下室战时使用的出入口，其设置应符合下列规定：

（1）防空地下室的每个防护单元不应少于两个出入口（不包括竖井式出入口、防护单元之间的连通口），其中至少有一个室外出入口（竖井式除外）。战时主要出入口应设在室外（符合第 6 条规定的防空地下室除外）。

（2）消防专业队装备掩蔽部的室外车辆出入口不应少于两个；中心医院、急救医院和建筑面积大于 6000m² 的物资库等防空地下室的室外出入口不宜少于两个。设置的两个室外出入口宜朝向不同方向，且宜保持最大距离。

（3）符合下列条件之一的两个相邻防护单元，可在防护密闭门外共设一个室外出入口。相邻防护单元的抗力级别不同时，共设的室外出入口应按高抗力级别设计：

1）当两相邻防护单元均为人员掩蔽工程时或其中一侧为人员掩蔽工程另一侧为物资库时；

2）当两相邻防护单元均为物资库，且其建筑面积之和不大于 6000m² 时。

《人防设计规范》3.3.1

4. 符合下列规定的防空地下室，可不设室外出入口：

（1）乙类防空地下室当符合下列条件之一时：

1）与具有可靠出入口（如室外出入口）的，且其抗力级别不低于该防空地下室的其他人防工程相连通；

2）上部地面建筑为钢筋混凝土结构（或钢结构）的常 6 级乙类防空地下室，当符合下列各项规定时：

① 主要出入口的首层楼梯间直通室外地面，且其通往地下室的梯段上端至室外的距离不大于 5.00m；

125

② 主要出入口与其中的一个次要出入口的防护密闭门之间的水平直线距离不小于 15.00m，且两个出入口楼梯结构均按主要出入口的要求设计。

（2）因条件限制（主要指地下室已占满红线时）无法设置室外出入口的核 6 级、核 6B 级的甲类防空地下室，当符合下列条件之一时：

1）与具有可靠出入口（如室外出入口）的，且其抗力级别不低于该防空地下室的其他人防工程相连通；

2）当上部地面建筑为钢筋混凝土结构（或钢结构），且防空地下室的主要出入口满足下列各项条件时：

① 首层楼梯间直通室外地面，且其通往地下室的梯段上端至室外的距离不大于 2.00m；

② 在首层楼梯间由梯段至通向室外的门洞之间，设置有与地面建筑的结构脱开的防倒塌棚架；

③ 首层楼梯间直通室外的门洞外侧上方，设置有挑出长度不小于 1.00m 的防倒塌挑檐（当地面建筑的外墙为钢筋混凝土剪力墙结构时可不设）；

④ 主要出入口与其中的一个次要出入口的防护密闭门之间的水平直线距离不小于 15.00m。

《人防设计规范》3.3.2

5. 甲类防空地下室中，其战时作为主要出入口的室外出入口通道的出地面段（即无防护顶盖段），宜布置在地面建筑的倒塌范围以外。甲类防空地下室设计中的地面建筑的倒塌范围，宜按表 11-3 确定。

甲类防空地下室地面建筑倒塌范围　　　　表 11-3

防核武器抗力级别	地面建筑结构类型	
	砌体结构	钢筋混凝土结构、钢结构
4、4B	建筑高度	建筑高度
5、6、6B	0.5 倍建筑高度	5.00m

注：① 表内"建筑高度"系指室外地平面至地面建筑檐口或女儿墙顶部的高度。
　　② 核 5 级、核 6 级、核 6B 级的甲类防空地下室，当毗邻出地面段的地面建筑外墙为钢筋混凝土剪力墙结构时，可不考虑其倒塌影响。

6. 在甲类防空地下室中，其战时作为主要出入口的室外出入口通道的出地面段（即无防护顶盖段）应符合下列规定：

（1）当出地面段设置在地面建筑倒塌范围以外，且因平时使用需要设置口部建筑时，宜采用单层轻型建筑；

（2）当出地面段设置在地面建筑倒塌范围以内时，应采取下列防堵塞措施：

① 核 4 级、核 4B 级的甲类防空地下室，其通道出地面段上方应设置防倒塌棚架；

② 核 5 级、核 6 级、核 6B 级的甲类防空地下室，平时设有口部建筑时，应按防倒塌棚架设计；平时不宜设置口部建筑的，其通道出地面段的上方可采用装配式防倒塌棚架临战时构筑，且其做法应符合规范的相关规定。

7. 人员掩蔽工程战时出入口的门洞净宽之和，应按掩蔽人数每 100 人不小于 0.30m 计算确定。每樘门的通过人数不应超过 700 人，出入口通道和楼梯的净宽不应小于该门洞的净宽。两相邻防护单元共用的出入口通道和楼梯的净宽，应按两掩蔽入口通过总人数的每 100 人不小于 0.30m 计算确定。

注：门洞净宽之和不包括竖井式出入口、与其他人防工程的连通口和防护单元之间的连通口。

8. 备用出入口可采用竖井式，并宜与通风竖井合并设置。竖井的平面净尺寸不宜小于 1.0m×1.0m。与滤毒室相连接的竖井式出入口上方的顶板宜设置吊钩。当竖井设在地面建筑倒塌范围以内时，其高出室外地平面部分应采取防倒塌措施。

11.2 安全疏散距离

11.2.1 公共建筑安全疏散距离规定

1. 直通疏散走道的房间疏散门至最近安全出口的直线距离应符合表 11-4 的规定。

直通疏散走道的房间疏散门至最近安全出口的直线距离（m） 表 11-4

名称			位于两个安全出口之间的疏散门			位于袋形走道两侧或尽端的疏散门		
			一、二级	三级	四级	一、二级	三级	四级
托儿所、幼儿园老年人建筑			25	20	15	20	15	10
歌舞娱乐放映游艺场所			25	20	15	9	—	—
医疗建筑	单、多层		35	30	25	20	15	10
	高层	病房部分	24	—	—	12	—	—
		其他部分	30	—	—	15	—	—
教学建筑	单、多层		35	30	25	22	20	10
	高层		30	—	—	15	—	—
高层旅馆、展览建筑			30	—	—	15	—	—
其他建筑	单、多层		40	35	25	22	20	15
	高层		40	—	—	20	—	—

注：①建筑内开向敞开式外廊的房间疏散门至最近安全出口的直线距离可按本表的规定增加 5m。

②直通疏散走道的房间疏散门至最近敞开楼梯间的直线距离，当房间位于两个楼梯间之间时，应按本表的规定减少 5m；当房间位于袋形走道两侧或尽端时，应按本表的规定减少 2m。

③建筑物内全部设置自动喷水灭火系统时，其安全疏散距离可按本表的规定增加 25%。

《防火规范》5.5.17.1

2. 房间内任一点至房间直通疏散走道的疏散门的直线距离，

不应大于表 11-4 规定的袋形走道两侧或尽端的疏散门至最近安全出口的直线距离。

《防火规范》5.5.17.3

3. 一、二级耐火等级建筑内疏散门或安全出口不少于 2 个的观众厅、展览厅、多功能厅、餐厅、营业厅等。其室内任一点至最近疏散门或安全出口的直线距离不应大于 30m；当疏散门不能直通室外地面或疏散楼梯间时，应采用长度不大于 10m 的疏散走道通至最近的安全出口。当该场所设置自动喷水灭火系统时，室内任一点至最近安全出口的安全疏散距离可分别增加 25%。

《防火规范》5.5.17.4

4. 办公建筑的开放式、半开放式办公室，其室内任一点至最近的安全出口的直线距离不应超过 30m。

《办公建筑设计规范》5.0.2

5. 楼梯间应在首层直通室外，确有困难时，可在首层采用扩大的封闭楼梯间或防烟楼梯间前室。当层数不超过 4 层且未采用扩大的封闭楼梯间或防烟前室时，可将直通室外的门设置在离楼梯间不大于 15m 处。

《防火规范》5.5.17.2

[编者注释：

1.《防火规范》5.5.17.4 条条文说明标示：本条中的"观众厅、多功能厅、餐厅、营业厅等"场所，包括开敞式办公区、会议报告厅、宴会厅、观演建筑的序厅、体育建筑的入场等候与休息厅等，不包括用作舞厅和娱乐场所的多功能厅。

2. 当安全出口为防烟楼梯间时，防烟前室与防火分区间设置的防火门可作为安全疏散距离计算的界线。但是，在防烟前室中设置有设备管井门和住宅户门的住宅防烟楼梯间，安全疏散距离应计至楼梯间的防火门。]

11.2.2 住宅建筑安全疏散距离规定

1. 直通疏散走道的户门至最近安全出口的直线距离不应大

129

于表 11-5 的规定。

住宅建筑直通疏散走道的户门至最近安全出口的直线距离（m）　表 11-5

住宅建筑类别	位于两个安全出口之间的户门			位于袋形走道两侧或尽端的户门		
	一、二级	三级	四级	一、二级	三级	四级
单、多层	40	35	25	22	20	15
高层	40	—	—	20	—	—

注：① 开向敞开式外廊的户门至最近安全出口的最大直线距离可按本表的规定增加 5m。

② 直通疏散走道的户门至最近敞开楼梯间的直线距离，当户门位于两个楼梯间之间时，应按本表的规定减少 5m；当户门位于袋形走道两侧或尽端时，应按本表的规定减少 2m。

③ 住宅建筑内全部设置自动喷水灭火系统时，其安全疏散距离可按本表的规定增加 25%。

④ 跃廊式住宅的户门至最近安全出口的距离，应从户门算起，小楼梯的一段距离可按其水平投影长度的 1.50 倍计算。

2. 楼梯间应在首层直通室外，或在首层采用扩大的封闭楼梯间或防烟楼梯间前室。层数不超过 4 层时，可将直通室外的门设置在离楼梯间不大于 15m 处。

3. 户内任一点至直通疏散走道的户门的直线距离不应大于表 11-5 规定的袋形走道两侧或尽端的疏散门至最近安全出口的最大直线距离。

注：跃层式住宅，户内楼梯的距离可按其梯段水平投影长度的 1.50 倍计算。

《防火规范》5.5.29

11.2.3　厂房建筑安全疏散距离规定

厂房内任一点至最近安全出口的直线距离（m）　表 11-6

生产的火灾危险性类别	耐火等级	单层厂房	多层厂房	高层厂房	地下或半地下厂房（包括地下或半地下室）
甲	一、二级	30	25		
乙	一、二级	75	50	30	—

生产的火灾 危险性类别	耐火等级	单层厂房	多层厂房	高层厂房	地下或半地下厂房 （包括地下或半地下室）
丙	一、二级	80	60	40	30
	三　级	60	40	—	—
丁	一、二级	不限	不限	50	45
	三　级	60	50	—	—
	四　级	50	—	—	—
戊	一、二级	不限	不限	75	60
	三　级	100	75	—	—
	四　级	60	—	—	—

《防火规范》3.7.4

11.2.4　汽车库安全疏散距离规定

汽车库内任一点至最近人员安全出口的疏散距离不应大于45m。当设置自动灭火系统时其距离不应大于60m。对于单层或设置在建筑首层的汽车库，室内任一点至室外最近出口的疏散距离不应大于60m。

《汽车库防规》6.0.6

11.2.5　人防工程安全疏散距离规定

1. 房间内最远点至该房间门的距离不应大于15mm。

2. 房间门至最近安全出口的最大距离：医院为24m；旅馆为30m；其他为40m。位于袋形走道内的房间，应为上述相应距离的一半。

3. 观众厅、展厅、多功能厅、餐厅、营业厅和阅览室等，室内任一点到最近安全出口的直线距离不宜大于30m，有自动灭火系统时，疏散距离可增加25％。

《人防防规》5.1.5

11.2.6　民用木结构建筑安全疏散距离规定

1. 建筑的安全出口和房间疏散门的设置，应符合本规范第5.5节的规定。当木结构建筑的每层建筑面积小于200m^{2}且第二层和第三层的人数之和不超过25人时，可设置1部疏散楼梯。

2. 民用木结构建筑安全疏散距离应符合表11-7的规定。

房间直通疏散走道的疏散门至最近安全出口的直线距离（m）　表 11-7

名称	位于两个安全出口之间的疏散门	位于袋形走道两侧或尽端的疏散门
托儿所、幼儿园、老年人建筑	15	10
歌舞娱乐放映游艺场所	15	6
医院和疗养院建筑、教学建筑	25	12
其他民用建筑	30	15

《防火规范》11.0.7

11.3　安全疏散宽度

11.3.1　公共建筑安全疏散宽度规定

1. 公共建筑安全疏散宽度一般规定：

（1）除本规范另有规定外，公共建筑内疏散门和安全出口的净宽度不应小于 0.90m，疏散走道和疏散楼梯的净宽度不应小于 1.10m。

（2）高层公共建筑内楼梯间的首层疏散门、首层疏散外门、疏散走道和疏散楼梯的最小净宽度应符合表 11-8 的规定。

高层公共建筑内楼梯间的首层疏散门、首层
疏散外门、疏散走道和疏散楼梯的最小净宽度　表 11-8

建筑类别	楼梯间的首层疏散门、首层疏散外门	走道		疏散楼梯
		单面布房	双面布房	
高层医疗建筑	1.30	1.40	1.50	1.30
其他高层公共建筑	1.20	1.30	1.40	1.20

《防火规范》5.5.18

（3）人员密集的公共场所、观众厅的疏散门不应设置门槛，其净宽度不应小于 1.40m，且紧靠门口内外各 1.40m 范围内不应设置踏步。

人员密集的公共场所的室外疏散通道的净宽度不应小于3.00m，并应直接通向宽敞地带。

《防火规范》5.5.19

（4）除剧场、电影院、礼堂、体育馆外的其他公共建筑，其房间疏散门、安全出口、疏散走道和疏散楼梯的各自总净宽度，应符合下列规定：

① 每层的房间疏散门、安全出口、疏散走道和疏散楼梯的各自总净宽度，应根据疏散人数按每100人的最小疏散净宽度不小于表11-9的规定计算确定。当每层疏散人数不等时，疏散楼梯的总净宽度可分层计算，地上建筑内下层楼梯的总净宽度应按该层及以上疏散人数最多一层的人数计算；地下建筑内上层楼梯的总净宽度应按该层及以下疏散人数最多一层的人数计算。

每层的房间疏散门、安全出口、疏散走道
和疏散楼梯的每100人最小疏散净宽度（m/百人）表11-9

建筑层数		建筑的耐火等级		
		一、二级	三级	四级
地上楼层	1～2 层	0.65	0.75	1.00
	3 层	0.75	1.00	—
	≥4 层	1.00	1.25	—
地下楼层	与地面出入口地面的高差 $\Delta H \leqslant 10\text{m}$	0.75	—	—
	与地面出入口地面的高差 $\Delta H > 10\text{m}$	1.00	—	—

② 首层外门的总净宽度应按该建筑疏散人数最多一层的人数计算确定，不供其他楼层人员疏散的外门，可按本层的疏散人数计算确定。

《防火规范》5.5.21.3

③ 有固定座位的场所，其疏散人数可按实际座位数的1.1倍计算。

《防火规范》5.5.21.5

2. 歌舞娱乐放映游艺场所疏散宽度规定：

（1）地下或半地下人员密集的厅、室和歌舞娱乐放映游艺场所，其房间疏散门、安全出口、疏散走道和疏散楼梯的各自总净宽度，应根据疏散人数按每 100 人不小于 1.00m 计算确定。

《防火规范》5.5.21.2

（2）歌舞娱乐放映游艺场所中录像厅的疏散人数，应根据厅、室的建筑面积按不小于 1.0 人/m² 计算；其他歌舞娱乐放映游艺场所的疏散人数，应根据厅、室的建筑面积按不小于 0.5 人/m² 计算。

《防火规范》5.5.21.4

3. 展览厅商店疏散人数计算规定：

（1）展览厅的疏散人数应根据展览厅的建筑面积和人员密度计算，展览厅内的人员密度不宜小于 0.75 人/m²。

《防火规范》5.5.21.6

（2）商店的疏散人数应按每层营业厅的建筑面积乘以表 11-10 规定的人员密度计算。对于建材商店、家具和灯饰展示建筑，其人员密度可按表 11-10 规定值的 30% 确定。

商店人员密度　　　　　　　　表 11-10

楼层位置	地下第二层	地下第一层	地下第一、二层	地上第三层	地上第四层及以上各层
人员密度	0.56	0.60	0.43～0.60	0.39～0.54	0.30～0.42

《防火规范》5.5.21.7

（3）商店营业厅的疏散门应为开向疏散方向的平开门。其净宽不应小于 1.40m 并不应设置门槛。

《商店建筑设计规范》5.2.3

4. 剧场、电影院、礼堂、体育馆疏散宽度规定：

剧场、电影院、礼堂、体育馆等场所的疏散走道、疏散楼梯、疏散门、安全出口的各自总净宽度，应符合下列规定：

134

（1）观众厅内疏散走道的净宽度应按每100人不小于0.60m计算，且不应小于1.00m；边走道的净宽度不宜小于0.80m。

布置疏散走道时，横走道之间的座位排数不宜超过20排；纵走道之间的座位数：剧场、电影院、礼堂等，每排不宜超过22个；体育馆，每排不宜超过26个；前后排座椅的排距不小于0.90m时，可增加1.0倍，但不得超过50个；仅一侧有纵走道时，座位数应减少一半。

《防火规范》5.5.20.1

（2）剧场、电影院、礼堂等场所疏散宽度应符合表11-11的规定。

剧场、电影院、礼堂等场所每100人所需最小净宽度（m/百人） 表11-11

观众厅座位数(座)			≤2500	≤1200
耐火等级			一、二级	三级
疏散部位	门和走道	平坡地面	0.65	0.85
		阶梯地面	0.75	1.00
	楼梯		0.75	1.00

《防火规范》5.5.20.2

（3）体育馆供观众疏散的所有内门、外门、楼梯和走道的各自总净宽度，应根据疏散人数按每100人的最小疏散净宽度不小于表11-12的规定计算确定。

体育馆每100人所需最小疏散净宽度（m/百人） 表11-12

观众厅座位数范围(座)			3000～5000	5001～10000	10001～20000
疏散部位	门和走道	平坡地面	0.43	0.37	0.32
		阶梯地面	0.50	0.43	0.37
	楼梯		0.50	0.43	0.37

注：表11-12中对应较大座位数范围按规定计算的疏散总净宽度，不应小于对应相邻较小座位数范围按其最多座位数计算的疏散总净宽度。对于观众厅座位数少于3000个的体育馆，计算供观众疏散的所有内门、外门、楼梯和走道的各自总净宽度时，每100人的最小疏散净宽度不应小于表11-11的规定。

《防火规范》5.5.20.3

（4）有等场需要的入场门不应作为观众厅的疏散门。

《防火规范》5.5.20.4

（5）体育馆每个独立的看台至少应有两个安全出口，每个安全出口的平均疏散人数不宜超过 400～700 人；体育场每个安全出口的平均疏散人数不宜超过 1000～2000 人（规模较小的设施采用接近下限值；规模较大的设施宜采用接近上限值）。

安全出口的宽度不应小于 1.10mm，出口宽度应为人流股数的倍数。

走道两边有观众席的主要纵横过道宽度不应小于 1.10m；

走道一边有观众席的次要纵横过道宽度不应小于 0.90m。

《体育建筑设计规范》4.3.8

5. 办公建筑走道净宽规定：

走道长度≤40：单面布房走道最小净宽为 1.30m. 双面布房为 1.50m；

走道长度＞40：单面布房走道最小净宽为 1.50m，双面布房为 1.80m。

《办公建筑设计规范》4.1.9

6. 宿舍建筑疏散宽度规定：

（1）宿舍安全出口门不应设置门槛，净宽不应小于 1.40m；

（2）楼梯门、楼梯及走道总宽度应按每层通过人数每 100 人不小于 1.0m 计算，且梯段净宽不应小于 1.20m。

《宿舍建筑设计规范》4.5.7；4.5.3

7. 托、幼建筑走廊最小净宽规定：

生活用房：房间双面布置为 1.80m；单面布房或外廊为 1.50m；

服务供应用房：双面布房为 1.50m；单面布房或外廊为 1.30m。

《托、幼建筑设计规范》3.6.3

8. 中小学校疏散宽度规定：

（1）中小学校建筑疏散通道宽度最少应为 2 股人流，并应按 0.60m 的整数倍增加疏散通道宽度；

（2）中小学校安全出口、疏散走道、疏散楼梯和房间疏散门每 100 人净宽应按表 11-13 计算。

安全出口、疏散走道、疏散楼梯和房间疏散门每 100 人净宽（m）　表 11-13

所在楼层位置	耐火等级		
	一、二级	三级	四级
地上一、二层	0.7	0.80	1.05
地上三层	0.8	1.05	—
地上四、五层	1.05	1.30	—
地下一、二层	0.80	—	—

（3）教学用房的内走道净宽度不应小于 2.40m；单侧走道及外廊的净宽度不应小于 1.80m。

房间疏散门开启后，每樘门净通行宽度不应小于 0.90m。

《中小学校设计规范》8.2

（4）教学用建筑物出入口净通行宽度不得小于 1.40m。门内与门外各 1.50m 范围内不宜设置台阶。

《中小学校设计规范》8.5.3

9. 综合医院疏散宽度规定：

（1）主楼梯宽度不得小于 1.65m；通行推床的通道，净宽不应小于 2.40m。

《综合医院建筑设计规范》5.1.5；5.1.6

（2）门诊部候诊用房，利用走道单侧候诊时，走道净宽不应小于 2.40m。两侧候诊时走道净宽不应小于 3.00m。

《综合医院建筑设计规范》5.2.3.2

10. 汽车库疏散宽度规定：

（1）汽车库汽车出入口坡道宽度，单向行驶不应小于 4m，双向行驶不应小于 7m。

《车库设计规范》4.2.4

（2）汽车库、修车库室内疏散楼梯宽度不应小于 1.10m。

《汽车库防规》6.0.3

（3）汽车库出入口坡道宽度（微型、小型车）

直线单车道：≥3.0m、曲线单车道：≥3.8m

直线双车道：≥5.5m、曲线双车道：≥7.0m

《车库设计规范》4.2.10

（4）机动车最小转弯半径（m）

微型车：4.50　轻型车：6.00～7.20　大型车：9.00～10.50

小型车：6.00　中型车：7.20～9.00

《车库设计规范》4.1.3

11.3.2　住宅建筑疏散宽度规定

住宅建筑的户门、安全出口、疏散走道和疏散楼梯的各自总净宽度应经计算确定，且户门和安全出口的净宽度不应小于 0.90m，疏散走道、疏散楼梯和首层疏散外门的净宽度不应小于 1.10m。建筑高度不大于 18m 的住宅中一边设置栏杆的疏散楼梯，其净宽度不应小于 1.0m。

《防火规范》5.5.30

11.3.3　厂房疏散宽度规定

厂房内疏散楼梯、走道、门的各自总净宽度，应根据疏散人数按每 100 人的最小疏散净宽度不小于表 11-14 的规定计算确定。但疏散楼梯的最小净宽度不宜小于 1.10m，疏散走道的最小净宽度不宜小于 1.40m，门的最小净宽度不宜小于 0.90m。当每层疏散人数不相等时，疏散楼梯的总净宽度应分层计算，下层楼梯总净宽度应按该层及以上疏散人数最多一层的疏散人数计算。

厂房内疏散楼梯、走道和门的每 100 人最小疏散净宽度

表 11-14

厂房层数（层）	1～2	3	≥2
最小疏散净宽度（m/百人）	0.60	0.80	1.00

首层外门的总净宽度应按该层及以上疏散人数最多一层的疏

散人数计算，且该门的最小净宽度不应小于 1.20m。

《防火规范》3.7.5

11.3.4　人防工程疏散宽度规定

1. 人防工程人员掩蔽所战时出入口的门洞净宽之和应按掩蔽人数每 100 人不少于 0.3m 计算确定。

每樘门的通过人数不应超过 700 人。

出入口楼梯和通道净宽不应小于该门洞净宽。

两相邻防护单元共用的出入口、通道和楼梯的净宽应满足两个掩蔽入口通过人数之和每百人不少于 0.3m 的要求（门洞净宽之和不包括竖井式出入口、与其他人防工程的连通口及防护单元之间的连通口）。

《人防设计规范》3.3.8

2. 战时人员出入口最小尺寸应符合表 11-15 的规定。

战时人员出入口最小尺寸（m）　　　　　表 11-15

工程类别	门洞		通道		楼梯
	净宽	净高	净宽	净高	净宽
医疗救护工程、防空专业队工程	1.00	2.00	1.50	2.20	1.20
人员掩蔽工程、配套工程	0.80	2.00	1.50	2.20	1.00

注：战时备用出入口的门洞最小尺寸可按宽×高＝0.70m×1.60m；通道最小尺寸可按 1.00m×2.00m。

《人防设计规范》3.3.5

3. 人防物资库的主要出入口宜按物资进出口设计，建筑面积不大于 2000m² 物资库的物资进出口门洞净宽不应小于 1.50m、建筑面积大于 2000m² 物资库的物资进出口门洞净宽不应小于 2.00m。

《人防设计规范》3.3.5

4. 室内地面与室外出入口地坪高差不大于 10m 的防火分区，疏散宽度指标应为每 100 人不小于 0.75m；

室内地面与室外出入口地坪高差大于 10m 的防火分区，疏散宽度指标应为每100人不小于1.00m；

人员密集的厅、室以及歌舞娱乐放映游艺场所，疏散宽度指标应为每100人不小于1.00m。

5. 安全出口、疏散楼梯和疏散走道的最小净宽应符合表11-16的规定。

安全出口、疏散楼梯和疏散走道最小净宽（m） 表11-16

工程名称	安全出口和疏散楼梯净宽	疏散走道净宽	
		单面布置房间	双面布置房间
商场、公共娱乐场所、健身体育场所	1.40	1.50	1.60
医院	1.30	1.40	1.50
旅馆、餐厅	1.10	1.20	1.30
车间	1.10	1.20	1.50
其他民用工程	1.10	1.20	—

《人防防规》5.1.6

11.3.5 无障碍设计轮椅坡道和通道宽度规定

1. 除平坡出入口外，在门完全开启的状态下，建筑物无障碍出入口的平台的净深度不应小于1.50m。

2. 建筑物无障碍出入口的门厅、过厅如设置两道门，门扇同时开启式，两道门的间距不应小于1.50m。

《无障碍设计规范》3.3.2

3. 轮椅坡道的净宽度不应小于1.00m，无障碍出入口的轮椅坡道净宽度不应小于1.20m。

《无障碍设计规范》3.4.2

4. 轮椅坡道起点、终点和中间休息平台的水平长度不应小于1.50m。

《无障碍设计规范》3.4.6

5. 无障碍通道室内走道宽度不应小于1.20m，人流较多或较集中的大型公共建筑的室内走道的宽度不宜小于1.80m。

室外通道不宜 1.50m 宽；

检票口、结算口轮椅通道宽度不宜小于 900mm。

《无障碍设计规范》3.5.1

6. 自动门开启后通行净宽度不应小于 1.00m。

平开门、推拉门、折叠门开启后的通行净宽度不应小于 800mm，有条件时不宜小于 900mm；单扇门门把手一侧的墙面应设宽度不小于 400mm 的墙面。

在门扇内外应留有直径不小于 1.50m 的轮椅回转空间。

《无障碍设计规范》3.5.3

12 楼　　梯

12.1　疏散楼梯设置规定

12.1.1　疏散楼梯设置的一般规定

1. 疏散楼梯间应符合下列规定：

（1）楼梯间应能天然采光和自然通风，并宜靠外墙设置。靠外墙设置时，楼梯间、前室及合用前室外墙上的窗口与两侧门、窗、洞口最近边缘的水平距离不应小于 1.0m；

（2）楼梯间内不应设置烧水间、可燃材料储藏室、垃圾道；

（3）楼梯间内不应有影响疏散的凸出物或其他障碍物；

（4）封闭楼梯间、防烟楼梯间及其前室，不应设置卷帘；

（5）楼梯间内不应设置甲、乙、丙类液体管道；

（6）封闭楼梯间、防烟楼梯间及其前室内禁止穿过或设置可燃气体管道。敞开楼梯间内不应设置可燃气体管道，当住宅建筑的敞开楼梯间内确需设置可燃气体管道和可燃气体计量表时，应采用金属管和设置切断气源的阀门。

《防火规范》6.4.1

2. 除通向避难层错位的疏散楼梯外，建筑内的疏散楼梯间在各层的平面位置不应改变。

3. 楼梯踏步最小宽度和最大高度应符合表 12-1 的规定。

《防火规范》6.4.4

楼梯踏步最小宽度和最大高度（m）　　表 12-1

楼 梯 类 别	最小宽度	最大高度
住宅公共楼梯	0.260	0.175
托儿所、幼儿园、小学校楼梯	0.260	0.150

楼 梯 类 别		最小宽度	最大高度
人员密集且竖向交通繁忙的建筑和大中学校楼梯		0.280	0.160
宿舍楼梯	小学宿舍楼梯	0.260	0.150
	其他宿舍楼梯	0.270	0.165
老年人建筑楼梯		0.300	0.150
其他建筑及竖向交通不繁忙的高层、超高层建筑楼梯		0.260	0.170
住宅套内楼梯、维修专用楼梯		0.220	0.200

注：无中柱螺旋楼梯和弧形楼梯离内侧扶手中心 0.25m 处的踏步宽度不应小于0.22m。

《通则》6.8.10

4. 疏散用楼梯和疏散通道上的阶梯不宜采用螺旋楼梯和扇形踏步；确需采用时，踏步上、下两级所形成的平面角度不应大于 10°，且每级离扶手 250mm 处的踏步深度不应小于 220mm。

《防火规范》6.4.7

建筑内的公共疏散楼梯，其两梯段及扶手间的水平净距不宜小于 150mm。

《防火规范》6.4.8

5. 建筑的楼梯间宜通至屋面，通向屋面的门或窗应向外开启。

《防火规范》5.5.3

6. 高度大于 10m 的三级耐火等级建筑应设置通至屋顶的室外消防梯。室外消防梯不应面对老虎窗，宽度不应小于 0.6m，且宜从离地面 3.0m 高处设置。

《防火规范》6.4.9

7. 用作丁、戊类厂房内第二安全出口的楼梯可采用金属梯，但其净宽度不应小于 0.90m，倾斜角度不应大于 45°。

丁、戊类高层厂房，当每层工作平台上的人数不超过 2 人且各层工作平台上同时工作的人数总和不超过 10 人时，其疏散楼梯可采用敞开楼梯或利用净宽度不小于 0.9m、倾斜角度不大于 60°的金属梯。

《防火规范》6.4.6

143

8. 楼梯间应在首层直通室外，确有困难时，可在首层采用扩大的封闭楼梯间或防烟楼梯间前室。当层数不超过 4 层且未采用扩大的封闭楼梯间或防烟楼梯间前室时，可将直通室外的门设置在离楼梯间不大于 15m 处。

《防火规范》5.5.29.2；5.5.17.2

9. 楼梯每个梯段的踏步一般不应超过 18 级，并不应少于 3 级。

梯段改变方向时，扶手转向端处的平台最小宽度不应小于梯段宽度，并不得小于 1.20m，当有搬运大型物件需要时应适量加宽。

楼梯平台上部及下部过道处的净高不应小于 2m，梯段净高不宜小于 2.20m。

注：梯段净高为自踏步前缘（包括最低和最高一级踏步前缘线以外 0.30m 范围内），量至上方突出物下缘间的垂直高度。

楼梯应至少于一侧设扶手，梯段净宽达三股人流时应两侧设扶手，达四股人流时宜加设中间扶手。

室内楼梯扶手高度自踏步前缘线量起不宜小于 0.90m。靠楼梯井一侧水平扶手长度超过 0.50m 时，其高度不应小于 1.05m。

《通则》6.8

10. 有儿童经常使用的楼梯、梯井净宽大于 0.20m 时必须采取安全措施。

《通则》6.8.9；《托、幼设计规范》3.6.5

12.1.2 商店楼梯设置规定

1. 楼梯梯段最小净宽、踏步最小宽度和最大高度应符合表 12-2 的规定。

楼梯梯段最小净宽、踏步最小宽度和最大高度（m）　表 12-2

楼梯类别	梯段最小净宽	踏步最小宽度	踏步最大高度
营业区公用楼梯	1.400	0.280	0.160
专用疏散楼梯	1.200	0.260	0.170
室外楼梯	1.400	0.300	0.150

《商店建筑设计规范》4.1.6

2. 大型商店的营业厅设置在五层及以上时应设置不少于 2 个直通屋顶平台的疏散楼梯间。屋顶平台上无障碍物的避难面积不宜小于最大营业层建筑面积的 50%。

《商店建筑设计规范》5.2.5

12.1.3 综合医院楼梯设置规定

主楼梯宽度不得小于 1.65m，踏步宽度不应小于 0.28m，高度不应大于 0.16m。

12.1.4 住宅建筑楼梯设置规定

1. 楼梯间窗口与相邻套房窗口最近边缘之间的水平间距不应小于 1.00m。

《住宅建规》9.4.2

2. 当住宅建筑中的楼梯、电梯直通住宅楼层下部的汽车库时，楼梯、电梯在出入口部位应采取防火分隔措施。

《住宅建规》9.4.4

3. 楼梯梯段净宽不应小于 1.10m。六层及六层以下的住宅，一边设有栏杆的梯段净宽不应小于 1.00m。楼梯踏步宽度不应小于 0.26m，踏步高度不应大于 0.175m。扶手高度不应小于 0.90m，楼梯水平段栏杆长度大于 0.50m 时，其扶手高度不应小于 1.05m。楼梯栏杆垂直杆件间净距不应大于 0.11m。梯井宽度大于 0.11m 时，必须采取防止儿童攀滑的措施。

《住宅建规》5.2.3；
《住宅设规》6.3

4. 楼梯平台净宽不应小于楼梯梯段净宽，且不得小于 1.20m。楼梯为剪刀梯时，楼梯平台的净宽不得小于 1.30m。

《住宅设规》6.3.4

5. 十层以下的住宅建筑的楼梯间宜通至屋顶。

除顶层设有外部连廊的住宅及不超过 18 层、每层不超过 8 户、建筑面积不超过 650m^2，且设有一座共用的防烟楼梯间和消防电梯的住宅外，十层及十层以上的住宅建筑，每个住宅单元的楼梯均应通至屋顶，且不应穿越其他房间，通向

145

平屋面的门应向屋面方向开启，各住宅单元的楼梯间宜在屋顶相连通。

《住宅设规》6.2.6；6.2.7

12.1.5 宿舍建筑楼梯设置规定

1. 宿舍楼梯、梯段净宽不应小于 1.20m。踏步宽度不应小于 0.27m，踏步高度不应大于 0.165m。

《宿舍建筑设计规范》4.5.3；4.5.4

2. 七层及七层以上的各单元的楼梯间均应通至屋顶。但十层以下的宿舍，在每层居室通向楼梯间的出入口处有乙级防火门分隔时，则该楼梯间可不通至屋顶。

《宿舍建筑设计规范》4.5.2

12.1.6 地下室、半地下室楼梯设置规定

除住宅建筑套内的自用楼梯外，地下或半地下建筑（室）的疏散楼梯间，应符合下列规定：

1. 室内地面与室外出入口地坪高差大于 10m 或 3 层及以上的地下、半地下建筑（室），其疏散楼梯应采用防烟楼梯间；其他地下或半地下建筑（室），其疏散楼梯应采用封闭楼梯间；

2. 应在首层采用耐火极限不低于 2.00h 的防火隔墙与其他部位分隔并应直通室外，确需在隔墙上开门时，应采用乙级防火门；

3. 建筑的地下或半地下部分与地上部分不应共用楼梯间，确需共用楼梯间时，应在首层采用耐火极限不低于 2.00h 的防火隔墙和乙级防火门将地下或半地下部分与地上部分的连通部位完全分隔，并应设置明显的标志。

《防火规范》6.4.4

12.1.7 剪刀楼梯设置规定

1. 高层公共建筑的疏散楼梯，当分散设置确有困难且从任一疏散门至最近疏散楼梯间入口的距离小于 10m 时，可采用剪刀楼梯间，但应符合下列规定：

（1）楼梯间应为防烟楼梯间；

（2）梯段之间应设置耐火极限不低于 1.00h 的防火隔墙；

（3）楼梯间的前室应分别设置。

《防火规范》5.5.10

2. 住宅单元的疏散楼梯；当分散设置确有困难且任一户门至最近疏散楼梯间入口的距离不大于 10m 时，可采用剪刀楼梯间，但应符合下列规定：

（1）应采用防烟楼梯间；

（2）梯段之间应设置耐火极限不低于 1.00h 的防火隔墙；

（3）楼梯间的前室不宜共用；共用时，前室的使用面积不应小于 6.0m²；

（4）楼梯间的前室或共用前室不宜与消防电梯的前室合用；合用时，合用前室的使用面积不应小于 12.0m²，且短边不应小于 2.4m。

《防火规范》5.5.28

12.1.8　室外疏散楼梯设置规定

室外疏散楼梯应符合下列规定：

1. 栏杆扶手的高度不应小于 1.10m，楼梯的净宽度不应小于 0.90m；

2. 倾斜角度不应大于 45°；

3. 梯段和平台均应采用不燃材料制作，平台的耐火极限不应低于 1.00h，梯段的耐火极限不应低于 0.25h；

4. 通向室外楼梯的门应采用乙级防火门，并应向外开启；

5. 除疏散门外，楼梯周围 2m 内的墙面上不应设置门、窗、洞口。疏散门不应正对梯段。

《防火规范》6.4.5

12.1.9　台阶、坡道、栏杆设置规定

1. 台阶设置应符合下列规定：

（1）除特殊场所外、公共建筑室内外台阶踏步宽度不宜小于 0.30m，踏步高度不宜大于 0.15m，不宜小于 0.10m；

147

（2）踏步应采取防滑措施；

（3）室内外台阶不宜少于2级，当高差不足2级时，宜设置为坡道；

（4）人员密集场所的台阶总高度超过0.70m时，应在临空面采取防护设施。

《通则》6.7.1

2. 坡道设置应符合下列规定：

（1）坡道按使用功能及坡度每隔一定长度应设休息平台；

（2）供轮椅使用的坡道、坡度不应大于1∶12，困难地段，当高差小于0.35m时，坡度不应大于1∶8；

（3）坡道应采取防滑措施；

《通则》6.7.2

3. 汽车库车辆通行坡道设置规定：

（1）汽车库坡道式出入口可采用单车道或双车道，坡道最小净宽（不包括道牙及分隔带宽度）规定如下：（微型、小型车）

直线单行：3.0m；直线双行：5.5m

曲线单行：3.8m；曲线双行：7.0m

（2）坡道最大纵向坡度规定：（微型、小型车）

直线坡道：15%（1∶6.67）

曲线坡道：12%（1∶8.3）

（3）当坡道纵向坡度大于10%时，坡道上、下端均应设缓坡坡段。直线缓坡段水平长度不应小于3.60m，坡度应为坡道坡度的1/2。

《车库设计规范》4.2.10

4. 栏杆设置规定：

阳台、外廊、室内回廊、内天井、上人屋面及楼梯等临空处应设置防护栏杆并符合下列规定：

（1）栏杆应以坚固、耐久材料制造，并能承受规范规定的水平荷载；

（2）临空高度在 24m 以下时，栏杆或栏板高度不应低于 1.05m；临空高度在 24m 及以上时，栏杆、栏板高度不应低于 1.10m；学校、医院、商业、旅馆、交通等建筑的公共场所，临中庭的栏杆、栏板高度不应小于 1.20m；

（3）栏杆或栏板高度应从所在楼地面或屋面至扶手顶面垂直高度计算，如底面有宽度不小于 0.22m 且高度不大于 0.45m 的可踏部位；应从可踏部位顶面起计算栏杆高度；

（4）栏杆离地面 0.10m 高度范围内不宜留空。

《通则》6.7.3

12.2 封闭楼梯间设置规定及应设置封闭楼梯间的建筑

12.2.1 封闭楼梯间设置规定

封闭楼梯间除应符合本规范第 6.4.1 条的规定外，尚应符合下列规定：

1. 不能自然通风或自然通风不能满足要求时，应设置机械加压送风系统或采用防烟楼梯间；

2. 除楼梯间的出入口和外窗外，楼梯间的墙上不应开设其他门、窗、洞口；

3. 高层建筑、人员密集的公共建筑、人员密集的多层丙类厂房、甲、乙类厂房，其封闭楼梯间的门应采用乙级防火门，并应向疏散方向开启；其他建筑，可采用双向弹簧门；

4. 楼梯间的首层可将走道和门厅等包括在楼梯间内形成扩大的封闭楼梯间，但应采用乙级防火门等与其他走道和房间分隔。

《防火规范》6.4.2

12.2.2 应设置封闭楼梯间的建筑

1. 下列多层公共建筑的疏散楼梯，除与敞开式外廊直接相连的楼梯间外，均应采用封闭楼梯间：

（1）医疗建筑、旅馆、老年人建筑及类似使用功能的建筑；

（2）设置歌舞娱乐放映游艺场所的建筑；

（3）商店、图书馆、展览建筑、会议中心及类似使用功能的建筑；

（4）六层及以上的其他建筑。

《防火规范》5.5.13

2. 裙房和建筑高度不大于 32m 的二类高层公共建筑，其疏散楼梯应采用封闭楼梯间。

《防火规范》5.5.12

［编者注释：

裙房楼梯间设置另详手册"名词解释"1.19 条的编者注释。］

3. 室内地面与室外出入口地坪高差不大于 10m 或地下 1～2 层的地下、半地下建筑，其疏散楼梯应采用封闭楼梯间。

《防火规范》6.4.4.1

4. 建筑高度不大于 32m 汽车库及室内地面与室外出入口地坪的高差不大于 10m 的地下汽车库应采用封闭楼梯间。

《汽车库防规》6.0.3

5. 建筑高度不大于 21m 的住宅建筑可采用敞开楼梯间；与电梯井相邻布置的疏散楼梯应采用封闭楼梯间，当户门采用乙级防火门时，仍可采用敞开楼梯间。

建筑高度大于 21m、不大于 33m 的住宅建筑应采用封闭楼梯间；当户门采用乙级防火门时，可采用敞开楼梯间。

《防火规范》5.5.27

6. 七层至十一层的通廊式宿舍应设封闭楼梯间，十二层至十八层的单元式宿舍应设封闭楼梯间。

《宿舍建筑设计规范》4.5.2

7. 高层厂房和甲、乙、丙类、多层厂房的疏散楼梯应采用封闭楼梯间或室外楼梯。

《防火规范》3.7.6

8. 高层仓库的疏散楼梯应采用封闭楼梯间。

《防火规范》3.8.7

12.3 防烟楼梯间设置规定及
应设防烟楼梯间的建筑

12.3.1 防烟楼梯间设置规定

防烟楼梯间除应符合本规范第6.4.1条的规定外，尚应符合下列规定：

1. 应设置防烟设施。

2. 前室可与消防电梯间前室合用。

3. 前室的使用面积：公共建筑、高层厂房（仓库），不应小于6.0m²；住宅建筑，不应小于4.5m²。

与消防电梯间前室合用时，合用前室的使用面积：公共建筑、高层厂房（仓库），不应小于10.0m²；住宅建筑，不应小于6.0m²。

4. 疏散走道通向前室以及前室通向楼梯间的门应采用乙级防火门。

5. 除楼梯间和前室的出入口、楼梯间和前室内设置的正压送风口和住宅建筑的楼梯间前室外，防烟楼梯间和前室的墙上不应开设其他门、窗、洞口。

6. 楼梯间的首层可将走道和门厅等包括在楼梯间前室内形成扩大的前室，但应采用乙级防火门等与其他走道和房间分隔。

《防火规范》6.4.3

12.3.2 应设置防烟楼梯间的建筑

1. 一类高层公共建筑和建筑高度大于32m的二类高层公共建筑，其疏散楼梯应采用防烟楼梯间。

《防火规范》5.5.12

2. 建筑高度大于33m的住宅建筑应采用防烟楼梯间。户门不宜直接开向前室，确有困难时，每层开向同一前室的户门不应

151

大于 3 樘且应采用乙级防火门。

《防火规范》5.5.27

3. 公共建筑和住宅建筑中设置的剪刀梯应设为防烟楼梯间。

《防火规范》5.5.10；5.5.28

4. 室内地面与室外出入口地坪高差大于 10m 或地下 2 层以下的地下、半地下建筑（室），其疏散楼梯应采用防烟楼梯间。

《防火规范》6.4.4

5. 十二层及十二层以上的通廊式宿舍及十九层及十九层以上的单元式宿舍应设防烟楼梯间。

《宿舍建筑设计规范》4.5.2

6. 建筑高度大于 32m 的高层汽车库及室内地面与室外出入口地坪的高差大于 10m 的地下汽车库应采用防烟楼梯间。

《汽车库防火规范》6.0.3

7. 建筑高度大于 32m 且任一层人数超过 10 人的厂房应采用防烟楼梯间。

《防火规范》3.7.6

13 电　梯

13.1　电梯设置规定及应设置电梯的建筑

13.1.1　电梯设置规定

1. 电梯不应计作安全出口。

2. 除配置目的地选层控制系统电梯的建筑外，建筑物每个服务区单侧排列的电梯不宜超过 4 台，双侧排列的电梯不宜超过 2×4 台，且电梯不应在转角处贴邻布置；当电梯分区设置或设有目的地选层控制系统时，电梯单侧排列可超过 4 台，双侧排列可超过 2×4 台。

3. 候梯厅的深度应符合表 13-1 的规定。

候梯厅的深度　　　　　　　　　　　表 13-1

电梯类别	布置方式	候梯厅深度(m)
住宅电梯	单台	≥B,且≥1.50
	多台单侧排列	≥B*,且≥1.80
	多台双侧排列	≥相对电梯 B* 之和并<3.50
公共建筑电梯	单台	≥1.5B,且≥1.80
	多台单侧排列	≥1.5B*,且≥2.00 当电梯群为 4 台时应≥2.40
	多台双侧排列	≥相对电梯 B* 之和并<4.50
病床电梯	单台	≥1.5B,且≥2.00
	多台单侧排列	≥1.5B,且≥2.20
	多台双侧排列	≥相对电梯 B* 之和

注：B 为电梯轿厢深度，B* 为电梯群中最大轿厢深度。

4. 电梯井道不宜与有安静要求的用房贴邻布置，否则应采取隔振隔声措施。

5. 电梯机房应有隔热、通风、防尘等措施，宜有自然采光，不得将机房顶板作水箱底板及在机房内直接穿越水管或蒸气管。

《民用建筑设计通则》6.9.1

6. 超高层办公建筑的乘客电梯应分层分区停靠。

《办公建筑设计规范》4.1.4

7. 以电梯为主要交通工具的高层公共建筑和 12 层及 12 层以上的高层住宅建筑电梯设置台数应经计算确定并不应少于 2 台。

《通则》6.9.1.3

8. 直通建筑内附设汽车库的电梯，应在汽车库部分设置电梯候梯厅，并应采用耐火极限不低于 2.00h 的防火隔墙和乙级防火门与汽车库分隔。

《防火规范》5.5.6

13.1.2 应设置电梯的建筑

1. 办公建筑：

五层及五层以上的办公建筑应设电梯。电梯数量按办公建筑面积每 5000m² 至少设置 1 台。

《办公建筑设计规范》4.1.3；4.1.4

2. 医院建筑：

二层医疗用房宜设电梯，三层及三层以上的医疗用房应设电梯且不少于 2 台。

供患者使用的电梯和污物梯应采用病床梯。

医院住院部宜设置供医护人员专用的客梯、送餐和污物专用货梯。

《综合医院建筑设计规范》5.1.4

3. 宿舍建筑：

七层及七层以上宿舍建筑或居室最高入口层楼面距室外设计地面的高程大于 21m 时，应设置电梯。

《宿舍建筑设计规范》4.5.6

4. 住宅建筑：

（1）七层及七层以上的住宅或入口层楼面距室外设计地面高层超过16m时必须设置电梯。

（2）十二层及十二层以上的住宅，每栋楼设置电梯不应少于两台，其中应设置一台可容纳担架的电梯。

（3）七层及七层以上住宅电梯应在设有户门和公共走廊的每层设站。住宅电梯宜成组集中布置。

（4）候梯厅深度不应小于多台电梯中最大轿厢的深度，且不应小于1.50m。

《住宅设计规范》6.4

［编者注释：

十二层及十二层以上住宅各单元电梯之间设"联系廊"的做法涉及问题较复杂、很少被设计人采用，故本手册未将《住宅设计规范》6.4.3、6.4.4条规定列入手册条文。］

（5）七层及七层以上的住宅或住户入口层楼面距室外设计地面的高度超过16m以上的住宅必须设置电梯。

《住宅建筑规范》5.2.5

5. 图书馆建筑：

图书馆的四层及四层以上设有阅览室时，宜设乘客电梯或客货两用电梯，并应至少设一台无障碍电梯。二层至五层的书库应设书刊提升设备，六层及六层以上的书库应设专用货梯。

《图书馆建筑设计规范》4.1.4；4.2.10

6. 旅馆建筑：

（1）四级、五级旅馆建筑2层宜设置乘客电梯，3层及3层以上应设置乘客电梯；一级、二级、三级旅馆3层宜设置乘客电梯，4层及4层以上应设置乘客电梯；

（2）乘客电梯的台数、额定载重量和额定速度应通过计算和设计确定，客房部分宜至少设置两部乘客电梯，四级及以上旅馆公共部分宜设置自动扶梯或专用乘客电梯；

（3）四级、五级旅馆建筑应设置服务电梯；

（4）当客房与电梯厅正对面布置时，电梯厅的深度不应包括客房与电梯厅之间的走道宽度。

《旅馆建筑设计规范》4.1.11

7. 商店建筑：

大型和中型商店的营业区宜设乘客电梯、自动扶梯、自动人行道，多层商店宜设置货梯或提升机。

《商店建筑设计规范》4.1.7

8. 展览建筑：

当展览建筑的主要展览空间在二层或二层以上时，应设置自动扶梯或大型客梯运送人流，并应设置货梯或货运坡道。

《展览建筑设计规范》4.1.6

9. 老年人居住建筑：

老年人居住建筑宜设置电梯。三层及三层以上设老年人居住及活动空间的建筑应设置电梯并应每层设站。

老年人居住建筑电梯轿厢尺寸应可容纳担架，候梯厅的深度不应小于1.60m。轿厢内两侧壁应按装扶手。

《老年人居住建筑标准》4.5

二层及二层以上的老年人居住建筑应配置可容纳担架电梯或病床电梯。应每层设站且满足无障碍电梯的要求。

可容纳担架电梯轿厢最小尺寸应为1.60m×1.60m，开门净宽≥0.9m。

十二层及十二层以上的老年人居住建筑，每单元设置电梯不应少于两台，其中一台应为可容纳担架电梯或病床电梯。

候梯厅深度不应小于多台电梯中最大轿厢的深度，且不应小于1.80m候梯厅四周墙面应设置扶手。

《老年人居住建筑设计规范》5.5

10. 餐饮建筑：

位于三层及三层以上的一级餐馆与饮食店和四层及四层以上的其他各级餐馆与饮食店均宜设置乘客电梯。

《饮食建筑设计规范》3.1.4

11. 档案馆建筑：

四层及四层以上的对外服务用房、档案业务和技术用房应设电梯。两层或两层以上的档案库应设垂直运输设备。

《档案馆建筑设计规范》4.1.4

12. 疗养院建筑：

疗养院建筑不宜超过四层，若超过四层应设置电梯。

《疗养院建筑设计规范》3.1.2

13. 汽车库：

四层及四层以上的多层机动车库或地下三层及以下的地下机动车库应设置乘客电梯，电梯的服务半径不宜大于 60m。

《车库设计规范》4.1.9

13.2 消防电梯设置规定及
应设置消防电梯的建筑

13.2.1 消防电梯设置规定

1. 应能每层停靠。

2. 电梯载重量不应小于 800kg。

3. 电梯从首层至顶层的运行时间不宜大于 60s。

4. 消防电梯应分别设置在不同防火分区内，且每个防火分区不应少于 1 台。

5. 符合消防电梯要求的客梯或货梯可兼作消防电梯。

6. 除设置在仓库连廊、冷库穿堂或谷物筒仓工作塔内的消防电梯外，消防电梯应设置前室并符合下列规定：

（1）前室宜靠外墙设置并应在首层直通室外或经长度不大于 30m 的通道通向室外；

（2）前室使用面积不应小于 6.0m²；与楼梯间前室合用时，合用前室的使用面积：公共建筑、高层厂房（仓库）不应小于 10.0m²；住宅建筑，不应小于 6.0m²；

（3）消防电梯的前室与楼梯间的共用前室合用时，合用前室的使用面积不应小于 12.0m² ，且短边不应小于 2.40m；

（4）除前室出入口、前室内设置的正压送风口和规范规定的住宅户门外，前室内不应开设其他门、窗、洞口；

（5）前室或合用前室的门应采用乙级防火门，不应设置卷帘。

7. 消防电梯井、机房与相邻电梯井、机房之间应设置耐火极限不低于 2.00h 的防火隔墙，隔墙上的门应采用甲级防火门。

8. 消防电梯的井底应设置排水设施，排水井容量不应小于 2.0m³。

《防火规范》7.3；5.5.28

13.2.2 应设置消防电梯的建筑

1. 下列建筑应设置消防电梯：

（1）建筑高度大于 33m 的住宅建筑；

（2）一类高层公共建筑和建筑高度大于 32m 的二类高层公共建筑；

（3）设置消防电梯的建筑的地下或半地下室，埋深大于 10m 且总建筑面积大于 3000m² 的其他地下或半地下建筑（室）。

《防火规范》7.3.1

2. 建筑高度大于 32m 且设置电梯的高层厂房（仓库），每个防火分区宜设置 1 台消防电梯，但符合下列条件的建筑可不设置消防电梯：

（1）建筑高层大于 32m 且设置电梯，任一层工作平台上的人数不超过 2 人的高层塔架；

（2）局部建筑高度大于 32m，且局部高出部分的每层建筑面积不大于 50m² 的丁、戊类厂房。

《防火规范》7.3.3

14　自动扶梯、自动人行道

自动扶梯、自动人行道设置规定：

1. 自动扶梯和自动人行道不应计作安全出口。

2. 出入口畅通区的宽度不应小于扶手带外缘宽度加上每边各80mm，纵深尺寸为从扶手带端部算起不应小于2.50m。

畅通区有密集人流穿行时，其宽度应加大或增加梯级水平移动距离，并适当增加畅通区的深度。

3. 扶手带顶面距自动扶梯前缘、自动人行道踏板面或胶带面的垂直高度一般不应小于0.90m，也不应大于1.10m，当提升高度较大时，扶手高度不宜大于1.20m。

4. 扶手带中心线与平行墙面或楼板开口边缘间的距离、相邻平行交叉设置时两梯（道）之间扶手带中心线的水平距离不应小于0.50m，否则应采取措施防止障碍物引起的人员伤害。

5. 自动扶梯的梯级、自动人行道的踏板或胶带上空，垂直净高不应小于2.30m。

6. 自动扶梯的倾斜角不应超过30°，额定速度不应大于0.75m/s；当提升高度不超过6.0m，额定速度不超过0.50m/s时，倾斜角允许增至35°。

当自动扶梯速度大于0.65m/s时，在其端部应有不小于1.60m的水平移动距离作为导向行程段。

7. 倾斜式自动人行道的倾斜角不应超过12°，额定速度不应大于0.75m/s，当踏板的宽度不大于1.10m，并且在出入口踏板或胶带进入梳齿之前的水平距离不小于1.60m时，自动人行道的额定速度可以不大于0.90m/s。

《通则》6.9.2

15 门 窗

15.1 门窗设置规定

15.1.1 门窗设置一般规定

1. 建筑外门窗除应满足使用要求外，还应综合考虑采光、节能、通风、防火等要求，且满足抗风压、水密性、气密性的要求。

2. 开向公共走道的窗扇，其底面距走道地面高度不应低于 2m。

3. 公共建筑的临空外窗、窗台距楼面、地面的净高低于 0.80m 时，应设置防护设施，防护高度由楼地面起计算不应低于 0.80m，落地玻璃应采用夹胶安全玻璃。

4. 居住建筑临空的外窗，窗台距楼、地面的净高低于 0.90m 时，应设置防护设施，防护高度由楼地面起计算不应低于 0.90m，落地玻璃应采用夹胶安全玻璃。

5. 设置低窗、凸窗时，其防护设施应符合以下规定：

（1）当低窗、凸窗窗台高度低于或等于 0.45m 时，其防护高度从窗台面起算不应低于 0.80m（居住建筑为 0.90m）；

（2）当低窗、凸窗窗台高度高于 0.45m 时，其防护高度从窗台面起算不应低于 0.60m；

（3）如低窗、凸窗上有可开启的窗扇，可开启窗扇洞口底距窗台面的净高低于 0.80m（居住建筑 0.90m）时，窗洞口处应有防护设施；其防护高度从台面起算不应低于 0.80m（居住建筑为 0.90m）。

6. 旋转门、电动门、卷帘门和大型门的临近部位应设平开疏散门，或在门上设疏散门。

7. 门的开启不应跨越变形缝。

以上《通则》6.11

8. 建筑内的疏散门应符合下列规定：

（1）民用建筑和厂房的疏散门，应采用向疏散方向开启的平开门，不应采用推拉门、卷帘门、吊门、转门和折叠门。除甲、乙类生产车间外，人数不超过 60 人且每樘门的平均疏散人数不超过 30 人的房间，其疏散门的开启方向不限；

（2）仓库的疏散门应采用向疏散方向开启的平开门，但丙、丁、戊类仓库首层靠墙的外侧可采用推拉门或卷帘门；

（3）开向疏散楼梯或疏散楼梯间的门，当其完全开启时，不应减少楼梯平台的有效宽度。

《防火规范》6.4.11

9. 人员密集的公共场所、观众厅的疏散门不应设置门槛，其净宽度不应小于 1.40m，且紧靠门口内外各 1.40m 范围内不应设置踏步。

《防火规范》5.5.19

10. 高层建筑（7 层及 7 层以上）不应采用外平开窗。

《技术措施》10.4.2；《细则》10.5.8

［编者注释：

外门、外窗气密性规定详建筑节能章节。］

15.1.2　住宅门窗设置规定

1. 住宅户门应采用具备防盗、隔声功能的防护门。向外开启的户门不应妨碍公共交通及相邻户门开启。

2. 厨房、卫生间的门应在下部设置有效截面积不小于 $0.02m^2$ 的固定百叶，也可距地面留出不小于 30mm 的缝隙。

［编者注释：

厨房、卫生间在门下部留通风百叶的做法为老式定型图做法，因其影响门的外观及清洁百叶积尘等卫生问题已很少被设计人引用。门下留 30mm 扫地缝简单、实用、可行。］

3. 住宅门洞最小尺寸（B×h）：

共用外门：1.20m×2.00m

户门：1.00m×2.00m

起居室门：0.90m×2.00m

卧室门：0.90m×2.00m

厨房门：0.80m×2.00m

卫生间门：0.70m×2.00m

阳台门（单扇）：0.70m×2.00m

《住宅设规》5.8

4. 卧室、起居室（厅）、厨房应设置外窗，窗地面积比不应小于1/7。

《住宅建规》7.2.2

5. 住宅外墙上相邻户开口之间的墙体宽度不应小于1.0m，小于1.0m时应在开口之间设置突出外墙不小于0.6m的隔板。

《防火规范》6.2.5

15.1.3 中小学校建筑门窗设置规定

1. 临空窗台的高度不应低于0.90m。

2. 疏散通道上的门不得采用弹簧门、旋转门、推拉门、大玻璃门等不利于疏散通畅、安全的门。

3. 各教学用房的门均应向疏散方向开启，开启的门扇不得挤占走道的疏散通道。

4. 靠外廊及单内廊一侧教室内隔墙的窗开启后，不得挤占走道的疏散通道，不得影响安全疏散。

［编者注释：

上述规定应同时执行《通则》6.11.4条"开向公共走道的窗扇，其底面距走道地面高度不应低于2.00m"的规定。］

5. 二层及二层以上的临空外窗的开启扇不得外开。

《中小学校设计规范》8.1

15.1.4 托、幼建筑门窗设置规定

1. 托儿所、幼儿园的生活用房、服务管理用房和供应用房

中的各类房间均应有直接天然采光和自然通风；其中活动室、寝室、乳儿室、多功能活动室、保健观察室及办公室和辅助用房的采光系数不得低于2%；窗地面积比不得小于1：5。

《托、幼建筑设计规范》5.1.1

2. 活动室、音体室的窗台距地高度不宜大于0.60m，距地面1.80m高度内不应设平开窗扇、楼层无室外阳台时，窗洞口应设护栏，幼儿使用的房间应设双扇平开门，门净宽不应小于1.20m。

《托、幼建筑设计规范》4.1.5；4.1.6

15.1.5 锅炉房、变配电室门窗设置规定

1. 锅炉房集中仪表控制室应采用隔声门，朝锅炉操作面方向应采用隔声玻璃大观察窗。

《锅炉房设计规范》4.3.2

锅炉房通向室外的门应向外开启，锅炉房内的工作间或生活间直通锅炉间的门应向锅炉间方向开启。

《锅炉房设计规范》4.3.8

2. 变配电室配电装置室及变压器室门的宽度宜按最大不可拆卸部件宽度加0.3m，高度宜按最大不可拆卸部件高度加0.5m。

变配电所的通风窗应采用非燃烧材质。

电压为10（6）kV的配电室和电容器室宜装设不能开启的采光窗，窗台距室外地坪不宜低于1.8m。临街的一面不宜设窗。

变压器室、配电装置室、电容器室的门应设为外开门，相邻配电室之间设门时，门应向低压配电室开启。

《民用建筑电气设计规范》4.9

15.1.6 人防门设置规定

1. 防护密闭门应向外开启；密闭门宜向外开启。

2. 出入口人防门设置数量见表15-1。

工 程 类 别		防护密闭门	密闭门
医疗救护、专业队队员掩蔽部，一等人员掩蔽所，生产车间，食品站	主要口	1	2
	次要口	1	1
二等人员掩蔽所、电站控制室、物资库、区域供水站		1	1
汽车库、电站发电机房、专业队装备掩蔽部		1	0

《人防设计规范》3.3.6

3. 防护密闭门和密闭门的门前通道，其净宽和净高应满足门扇的开启和安装要求。

《人防设计规范》3.3.7

15.1.7 门的无障碍设计规定

1. 不应采用力度大的弹簧门，不宜采用弹簧门、玻璃门；当采用玻璃门时，应有醒目的提示标志。

2. 自动门开启后通行宽度不应小于 1.00m。

3. 平开门、推拉门、折叠门开启后通行宽度不应小于 800mm，不宜小于 900mm。

4. 在门扇内外应留有直径不小于 1.50m 的轮椅回转空间。

5. 在单扇平开门、推拉门、折叠门的门把手一侧的墙面，应设宽度不小于 400mm 的墙面。

6. 门槛高度及门内外地面高差不应大于 15mm，并以斜面过渡。

《无障碍设计规范》3.5.3

15.2 建筑幕墙设置规定

1. 建筑幕墙应与楼板、梁、内隔墙处连接牢固，并应满足防火分隔要求。

2. 合理选择幕墙形式、材料、安装构造等均应满足风压、变形、雨水渗透、空气渗透、节能、隔声、抗撞击、平面内变形、防火、防雷、抗震及光学性能等要求。

3. 玻璃幕墙采用的玻璃应符合安全要求，可见光反射比不宜大于 0.3。

《通则》6.12

15.3 防火门窗设置规定

15.3.1 防火门窗设置规定

1. 设置在建筑内经常有人通行处的防火门宜采用常开防火门。常开防火门应能在火灾时自行关闭，并应具有信号反馈的功能。

2. 除允许设置常开防火门的位置外，其他位置的防火门均应采用常闭防火门。常闭防火门应在其明显位置设置"保持防火门关闭"等提示标识。

3. 除管井检修门和住宅的户门外，防火门应具有自行关闭功能。双扇防火门应具有按顺序自行关闭的功能。

4. 除本规范第 6.4.11 条第 4 款的规定外，防火门应能在其内外两侧手动开启。

5. 设置在建筑变形缝附近时，防火门应设置在楼层较多的一侧，并应保证防火门开启时门扇不跨越变形缝。

6. 防火门关闭后应具有防烟性能。

《防火规范》6.5.1

7. 设置在防火墙、防火隔墙上的防火窗，应采用不可开启的窗扇或具有火灾时能自行关闭的功能。

《防火规范》6.5.2

15.3.2 防火卷帘设置规定

1. 防火分区之间应采用防火墙分隔，确有困难时，可采用防火卷帘等防火分隔设施分隔。

2. 防火分隔部位设置防火卷帘时，应符合下列规定：

《防火规范》5.3.3

（1）除中庭外，当防火分隔部位的宽度不大于 30m 时，防火卷帘的宽度不应大于 10m；当防火分隔部位的宽度大于 30m 时，

165

防火卷帘的宽度不应大于该部位宽度的1/3，且不应大于20m。

（2）不宜采用侧式防火卷帘。

（3）除本规范另有规定外，防火卷帘的耐火极限不应低于本规范对所设置部位墙体的耐火极限要求。

当防火卷帘的耐火极限符合现行国家标准《门和卷帘耐火试验方法》GB/T 7633 有关耐火完整性和耐火隔热性的判定条件时，可不设置自动喷水灭火系统保护。

当防火卷帘的耐火极限仅符合现行国家标准《门和卷帘耐火试验方法》GB/T 7633 有关耐火完整性的判定条件时，应设置自动喷水灭火系统保护。自动喷水灭火系统的设计应符合现行国家标准《自动喷水灭火系统设计规范》GB 50084 的规定，但火灾延续时间不应小于该防火卷帘的耐火极限。

《防火规范》6.5.3；5.3.3

（4）防火卷帘应具有防烟性能，与楼板、梁、墙、柱之间的空隙应采用防火封堵材料封堵。

（5）需在火灾时自动降落的防火卷帘，应具有信号反馈的功能。

（6）其他要求，应符合现行国家标准《防火卷帘》GB 14102 的规定。

《防火规范》6.5.3

3. 消防电梯前室或与防烟楼梯间的合用前室的门应采用乙级防火门，不应设置卷帘。

《防火规范》7.3.5.4

15.4　应设置防火门窗的部位

［编者注释：

从以下规范条文可以看出，建筑中哪些部位应该设置防火门及设置防火门的防火等级都是有详细规定的，设计人熟悉这些规定，在设计中准确定位防火门，可为甲方节省工程成本并提高设计的水平。漏设防火门是错误，一些设计人将不必设防火门的部位设置防火门或将所有防火门均设为甲级防火门的做法也是不可取的。

除某些特殊部位外，一般外门（包括屋顶外门）不须设为防火门。变、配电所外门可按规范规定设为丙级防火门。〕

15.4.1 居住建筑、住宅

1. 建筑高度大于 27m，但不大于 54m 的住宅建筑，每单元只设置一座疏散楼梯、疏散楼梯通至屋面且单元之间的疏散楼梯通过屋面连通时，住宅的户门应设为乙级防火门。

2. 建筑高度不大于 21m 的住宅建筑，与电梯相邻布置的疏散楼梯，当户门采用乙级防火门时，仍可采用敞开楼梯间。

3. 建筑高度超过 33m 的住宅建筑应采用防烟楼梯间，户门不宜直接开向前室，确有困难时，每层开向同一前室的门不应大于 3 樘且应为乙级防火门。

4. 建筑高度大于 54m 的住宅建筑每户应有一间房间靠外墙设置并设置可开启外窗，该房间的门宜采用乙级防火门。

《防火规范》5.5.26；5.5.27

5. 通往住宅单元的地下楼梯间和电梯间的入口处应设置乙级防火门，严禁利用楼、电梯间为地下车库进行自然通风。

《住宅设计规范》6.9.6

15.4.2 商店

总建筑面积大于 20000m² 的地下、半地下商店，应进行防火分隔，分隔为多个建筑面积不大于 20000m² 的区域，相邻区域之间相连通的防火隔间的门应设为甲级防火门，防火分区开向与避难走道之间的防烟前室的门应采用甲级防火门，防烟前室开向避难走道的门应采用乙级防火门；防烟楼梯间的门应采用甲级防火门。

《防火规范》5.3.5；6.4.13；6.4.14

15.4.3 医疗建筑、托儿所、幼儿园、老年人活动场所

医疗建筑内的手术室或手术部、产房、重症监护室、贵重精密医疗装备用房、储藏间、实验室、胶片室等，附设在建筑内的托儿所、幼儿园的儿童用房和儿童游乐厅等儿童活动场所、老年

人活动场所，应采用耐火极限不低于 2.00h 的防火隔墙和 1.00h 的楼板与其他场所或部位分隔，墙上必须设置的门、窗应采用乙级防火门、窗。

《防火规范》6.2.2

医院和疗养院的病房楼内相邻护理单元之间应采用耐火极限不低于 2.00h 的防火隔墙分隔，隔墙上的门应采用乙级防火门，设置在走道上的防火门应采用常开防火门。

《防火规范》5.4.5

医院病房区，同层有 2 个及 2 个以上护理单元时，通向公共走道的单元入口处应设乙级防火门。

《综合医院建筑设计规范》5.24.2

15.4.4　歌舞娱乐放映游艺场所

厅、室之间及与建筑的其他部位之间，应采用耐火极限不低于 2.00h 的防火隔墙和 1.00h 的不燃性楼板分隔，设置在厅、室墙上的门和该场所与建筑内其他部位相通的门均应采用乙级防火门。

《防火规范》5.4.9.6

15.4.5　建筑中庭

建筑内设置中庭时，与中庭相连通的门、窗，应采用火灾时能自行关闭的甲级防火门、窗。

《防火规范》5.3.2

15.4.6　剧院、电影院、礼堂

1. 确需设置在其他民用建筑内时，应采用耐火极限不低于 2.00h 的防火隔墙和甲级防火门与其他区域分隔。

《防火规范》5.4.7

2. 剧场等建筑的舞台与观众厅之间的隔墙应采用耐火极限不低于 3.00h 的防火隔墙。

舞台上部与观众厅闷顶之间的隔墙可采用耐火极限不低于 1.50h 的防火隔墙，隔墙上的门应采用乙级防火门。

舞台下部的灯光操作室和可燃物储藏室应采用耐火极限不低于 2.00h 的防火隔墙与其他部位分隔。

电影放映室、卷片室应采用耐火极限不低于 1.50h 的防火隔墙与其他部位分隔，观察孔和放映孔应采取防火分隔措施。

《防火规范》6.2.1

3. 舞台主台通向各处洞口均应设甲级防火门或按本规范第 8.3.2 条规定设置水幕。

《剧场建筑设计规范》8.1.2

15.4.7　办公建筑

机要室、档案室和重要库房等隔墙的耐火极限不应小于 2h。其房间门应采用甲级防火门。

《办公建筑设计规范》5.0.5

15.4.8　宿舍建筑

七层及七层以上各单元的楼梯间均应通至屋顶。但十层以下的宿舍，在每层居室通向楼梯间的出入口处设置有乙级防火门分隔时，则该楼梯间可不通至屋顶。

《宿舍建筑设计规范》4.5.2

15.4.9　图书馆、档案馆

1. 图书馆的基本书库、特藏书库、密集书库与其毗邻的其他部位之间应采用防火墙和甲级防火门分隔。

《图书馆建筑设计规范》6.2.1

2. 档案库区缓冲间及档案库的门均应向疏散方向开启，并应为甲级防火门。

《档案馆建筑设计规范》6.0.9

15.4.10　汽车库

1. 除敞开式汽车库、斜楼板式汽车库外，其他汽车库内的汽车坡道两侧应采用防火墙与停车区隔开，坡道的出入口应采用水幕、防火卷帘或甲级防火门等与停车区隔开，当汽车库和汽车坡道上均设置自动灭火系统时，坡道的出入口可不设置水幕、防火卷帘或甲级防火门。

《汽车库防规》5.3.3

[编者注释：

《细则》4.2.3条对此的表述为："汽车库不同防火分区之间的坡道的入口应采用水幕、防火卷帘或甲级防火门与停车区隔开"。笔者认为此表述更为准确。]

2. 与住宅地下室相连通的地下、半地下汽车库，当不能直接进入住宅部分的疏散楼梯间时，应在汽车库与住宅部分的疏散楼梯之间设置连通走道，汽车库开向该走道的门均应采用甲级防火门。

《汽车库防规》6.0.7

15.4.11　体育建筑

1. 体育比赛和训练建筑的灯控、声控、配电室、发电机房、空调机房、消防控制室等部位应做防火墙分隔。门窗耐火极限不应低于1.2h。

《体育建筑设计规范》8.1.8

[编者注释：

依据原规范规定，耐火极限不低于1.2h的门窗即为甲级防火门窗。新规范规定的耐火极限，甲级防火门（窗）为1.50h；乙级为1.00h；丙级为0.50h，故此条规范中规定的门窗耐火极限宜采用不低于1.50h。]

2. 体育建筑的观众厅、比赛厅、训练厅的安全出口应设乙级防火门。

《体育建筑设计规范》8.1.3

15.4.12　展览建筑

1. 展厅室内库房、维修加工用房与展厅之间应进行防火分隔，隔墙上的门应采用乙级防火门。

《展览建筑设计规范》5.2.6

2. 展览建筑内的燃油、燃气锅炉房、油浸电力变压器室、充有可燃油的高压电容器和多油开关室等应进行防火分隔，隔墙上的门应采用甲级防火门。

《展览建筑设计规范》5.2.8

3. 使用燃油、燃气的厨房，应采用耐火极限不低于 2.00h 的隔墙和 1.50h 的楼板进行分隔，隔墙上的门应采用乙级防火门。

《展览建筑设计规范》5.2.9

15.4.13　防火隔墙

建筑内的下列部位应采用耐火极限不低于 2.00h 的防火隔墙与其他部位分隔，墙上的门、窗应采用乙级防火门、窗，确有困难时，可采用防火卷帘，但应符合本规范第 6.5.3 条的规定：

1. 甲、乙类生产部位和建筑内使用丙类液体的部位。

2. 厂房内有明火和高温的部位。

3. 甲、乙、丙类厂房（仓库）内布置有不同火灾危险性类别的房间。

4. 民用建筑内的附属库房，剧场后台的辅助用房。

5. 除居住建筑中套内的厨房外，宿舍、公寓建筑中的公共厨房和其他建筑内的厨房。

6. 附设在住宅建筑内的机动车库。

《防火规范》6.2.3

15.4.14　工厂、仓库

1. 办公室、休息室等严禁设置在甲、乙类仓库内，也不应贴邻。

办公室、休息室设置在丙、丁类仓库内时，应采用耐火极限不低于 2.50h 的防火隔墙和 1.00h 的楼板与其他部位分隔，并应设置独立的安全出口。隔墙上需开设相互连通的门时，应采用乙级防火门。

《防火规范》3.3.9

2. 员工宿舍严禁设置在厂房内。

办公室、休息室等不应设置在甲、乙类厂房内，设置在丙类厂房内时，应采用防火分隔与其他部位隔开，并至少设置 1 个独立的安全出口。隔墙上需开设互相连通的门时，应采用乙级防火门。

《防火规范》3.3.5

15.4.15 锅炉房、变配电室、柴油发电机房

1. 燃油或燃气锅炉、油浸变压器、充有可燃油的高压电容器和多油开关等确需布置在民用建筑内时，锅炉房、变压器室等与其他部位之间应进行防火分隔，确需在隔墙上设置门窗时，应采用甲级防火门窗。

锅炉房内设置储油间时，其总储存量不应大于 $1m^3$，且储油间应采用耐火极限不低于 3.00h 的防火隔墙与锅炉间分隔；确需在防火隔墙上设置门时，应采用甲级防火门。

《防火规范》5.4.12

燃油、燃气锅炉房，锅炉间与相邻辅助间之间的隔墙应为防火墙，隔墙上开设的门应为甲级防火门，朝向锅炉操作面开设的玻璃大观察窗，应采用具有抗爆能力的固定窗。

《锅炉房设计规范》5.1.3

2. 变配电所的门应为防火门并应符合下列规定：

（1）配变电所位于高层主体建筑（或裙房）内时，通向其他相邻房间的门应为甲级防火门，通向过道的门应为乙级防火门；

（2）配变电所位于多层建筑物的二层或更高层时，通向其他相邻房间的门应为甲级防火门，通向过道的门应为乙级防火门；

（3）配变电所位于多层建筑物的一层时，通向相邻房间或过道的门应为乙级防火门；

（4）配变电所位于地下层或下面有地下层时，通向相邻房间或过道的门应为甲级防火门；

（5）配变电所附近堆有易燃物品或通向汽车库的门应为甲级防火门；

（6）配变电所直接通向室外的门应为丙级防火门。

《民用建筑电气设计规范》4.9.2

3. 布置在民用建筑内的柴油发电机房，应采用耐火极限不低于 2.00h 的防火隔墙和 1.50h 的不燃性楼板与其他部位分隔，门应采用甲级防火门。

机房设置储油间时，应采用防火墙与发电机间隔开；确需在

防火墙上开门时，应设置甲级防火门。

《防火规范》5.4.13

15.4.16 消防控制室、消防水泵房等设备房间

附设在建筑内的消防控制室、灭火设备室、消防水泵房和通风空气调节机房、变配电室等应采用防火分隔与其他部位隔开。

通风、空气调节机房和变配电室开向建筑内的门应采用甲级防火门，消防控制室和其他设备房间开向建筑内的门应采用乙级防火门。

《防火规范》6.2.7

15.4.17 避难层（间）

避难层可兼作设备层。管道井和设备间的门不应直接开向避难区，确需直接开向避难区时，与避难层区出入口的距离不应小于5m，且应采用甲级防火门。

《防火规范》5.5.23.4

避难层（间）应设置直接对外的可开启窗口或独立的机械防烟设施，外窗应采用乙级防火窗。

《防火规范》5.5.23.9

15.4.18 避难走道

防火分区至避难走道入口应设置防烟前室，前室的使用面积不应小于$6.0m^2$，开向前室的门应采用甲级防火门，前室开向避难走道的门应采用乙级防火门。

《防火规范》6.4.14

15.4.19 竖向井道

建筑内的电缆井、管道井、排烟道、排气道、垃圾道等竖向井道应分别独立设置。井壁的耐火极限不应低于1.0h，井壁上的检查门应采用丙级防火门。

《防火规范》6.2.9.2

15.4.20 防火墙

1. 防火墙上不应开设门、窗、洞口，确需开设时，应设置不可开启或火灾时能自动关闭的甲级防火门窗。

《防火规范》6.1.5

2. 建筑外墙为不燃性墙体时，防火墙可不凸出墙的外表面，紧靠防火墙两侧的门、窗、洞口之间最近边缘的水平距离不应小于2.0m；采取设置乙级防火窗等防止火灾水平蔓延的措施时，该距离不限。

《防火规范》6.1.3

建筑内的防火墙不宜设置在转角处，确需设置时，内转角两侧墙上的门、窗、洞口之间最近边缘的水平距离不应小于4.0m；采取设置乙级防火窗等防止火灾水平蔓延的措施时，该距离不限。

《防火规范》6.1.4

3. 疏散走道在防火分区处应设置常开甲级防火门。

《防火规范》6.4.10

16 建 筑 节 能

16.1 建筑热工设计气候分区

1. 建筑热工设计应与地区气候相适应，建筑热工设计分区及设计要求应符合表 16-1 的规定。全国建筑热工设计分区应按本规范图 8.1 采用。

建筑热工设计分区及设计要求 表 16-1

分区名称	分区指标		设计要求
	主要指标	辅助指标 （日平均温度）	
严寒地区	最冷月平均温度 ≤－10℃	≤5℃的天数 ≥145d	必须充分满足冬季保温要求，一般可不考虑夏季防热
寒冷地区	最冷月平均温度 0℃～10℃	≤5℃的天数 90～145d	应满足冬季保温要求，部分地区兼顾夏季防热
夏热冬冷地区	最冷月平均温度 0℃～10℃ 最热月平均温度 25℃～30℃	≤5℃的天数 0～90d ≥25℃的天数 40～110d	必须满足夏季防热要求适当兼顾冬季保温
夏热冬暖地区	最冷月平均温度 ＞10℃ 最热月平均温度 25℃～29℃	≥25℃的天数 100～200d	必须充分满足夏季防热要求，一般可不考虑冬季保温
温和地区	最冷月平均温度 0℃～13℃ 最热月平均温度 18℃～25℃	≤5℃的天数 0～90d	部分地区应考虑冬季保温一般可不考虑夏季防热

《民用建筑热工设计规范》3.1.1

175

2. 建筑热工设计分区代表城市：

(1) 严寒地区

严寒 A 区、B 区：博克图、伊春、呼玛、海拉尔、满洲里、阿尔山、玛多、黑河、嫩江、海伦、齐齐哈尔、富锦、哈尔滨、牡丹江、大庆、安达、佳木斯、二连浩特、阿勒泰、那曲、多伦、大柴旦。

严寒 C 区：长春、通化、延吉、通辽、四平、抚顺、阜新、沈阳、本溪、鞍山、呼和浩特、包头、鄂尔多斯、赤峰、大同、乌鲁木齐、克拉玛依、酒泉、西宁、日喀则、甘孜、康定。

(2) 夏热冬冷地区：南京、蚌埠、盐城、南通、合肥、安庆、九江、武汉、黄石、岳阳、汉中、安康、上海、杭州、宁波、温州、宜昌、长沙、南昌、株洲、韶关、桂林、重庆、万州、涪陵、南充、宜宾、成都、遵义、绵阳。

(3) 夏热冬暖地区：福州、莆田、龙岩、梅州、英德、柳州、泉州、厦门、广州、深圳、湛江、汕头、南宁、北海、梧州、海口、三亚。

(4) 寒冷地区：丹东、大连、张家口、承德、唐山、青岛、洛阳、太原、阳泉、晋城、天水、榆林、延安、宝鸡、银川、兰州、喀什、伊宁、阿坝、拉萨、林芝、北京、天津、石家庄、保定、邢台、济南、德州、郑州、安阳、徐州、运城、西安、咸阳、吐鲁番、库尔勒、哈密。

(5) 温和地区：

温和 A 区：昆明、贵阳、丽江、会泽、腾冲、大理、楚雄、曲靖、泸西、广南、兴义、独山。

温和 B 区：瑞丽、耿马、临沧、澜沧、思茅、江城、蒙自。

《公共建筑节能设计标准》3.1.2

16.2 公共建筑节能

1. 单栋建筑的体形系数 S 应符合下列规定：

建筑面积 $A \leqslant 800\text{m}^2$ 时，$S \leqslant 0.50$；

建筑面积 $A > 800\text{m}^2$ 时，$S \leqslant 0.40$。

2. 甲、乙类建筑每个单一立面窗墙面积比 M_L 不应大于 0.75，丙类建筑的总窗墙面积比不应大于 0.70。当甲类建筑 M_L 超过限值规定时，应按规范规定进行围护结构热工性能权衡判断。

3. 屋面透光部位的面积与屋面总面积的比值 M_w 不应大于 0.20。当甲类建筑不满足规定时，应进行围护结构热工性能权衡判断。

4. 甲类和乙类建筑每个单一立面透光部位应设可开启窗扇，其有效通风面积不应小于该立面面积的 5%。

5. 丙类建筑可开启窗扇的有效通风面积不应小于所在立面窗面积的 30%。

6. 人员出入频繁的外门朝向为北、东、西时，应设门斗、双层门或旋转门等减少冷风进入的设施。

7. 建筑围护结构的热工性能应符合表 16-2、表 16-3 的限值规定。甲类建筑不能满足时，应按规范规定进行围护结构热工性能权衡判断。

甲（乙）类建筑围护结构非透光部位传热系数限值 表 16-2

围护结构部位	传热系数 $K[\text{W}/(\text{m}^2 \cdot \text{K})]$							
	体形系数 $\leqslant 0.3$				$0.3 <$ 体形系数 $\leqslant 0.4$			
	平均	主断面			平均	主断面		
屋面	0.45 (0.40)	一般屋面	有天窗或轻质屋面		0.40 (0.35)	一般屋面	有天窗或轻质屋面	
		0.41 (0.36)	0.38 (0.33)			0.36 (0.32)	0.33 (0.29)	
外墙 (包括非透光玻璃幕墙)	0.50 (0.45)	构造1	构造2	构造3	0.45 (0.40)	构造1	构造2	构造3
		0.45 (0.41)	0.42 (0.38)	0.38 (0.35)		0.41 (0.35)	0.38 (0.33)	0.35 (0.31)

围护结构部位	传热系数 $K[W/(m^2 \cdot K)]$			
	体形系数≤0.3		0.3<体形系数≤0.4	
	平均	主断面	平均	主断面
底面接触室外空气的架空或外挑楼板	0.50 (0.45)		0.45 (0.40)	
供暖房间与有外围护结构非供暖房间或空间之间的隔墙	1.50 (1.50)		1.50 (1.50)	
与供暖层相邻的非供暖地下室车库顶板	0.50 (0.50)		0.50 (0.50)	
变形缝(内保温)	0.60 (0.60)		0.60 (0.60)	
非透光外门	3.00 (3.00)		3.00 (3.00)	

注：括号内为乙类建筑传热系数限值。

丙类建筑围护结构非透光部位传热系数限值　表 16-3

围护结构部位	传热系数 $K[w/(m^2 \cdot K)]$		
	平均	主断面	
屋面	0.55	一般屋面	有天窗或轻质屋面
		0.50	0.46
外墙(包括非透光玻璃幕墙)	0.60	0.50	
底面接触室外空气的架空、外挑楼板	0.60		
供暖房间和有外围护结构的非供暖房间之间的楼板和地板	0.60		
供暖房间和有围护结构的非供暖房间或空间之间的隔墙	1.50		
非透光外门	3.00		

　　8. 外窗气密性应符合《建筑外门窗气密、水密、抗风压性能分级及检测方法》GB/T 7106—2008 的规定，建筑高度 50m 及以下的建筑不应低于 6 级，50m 以上的建筑不应低于 7 级。

9. 透光幕墙的气密性不应低于《建筑幕墙》GB/T 21086-2007 中规定的 3 级。

10. 外墙宜采用外保温构造。采用其他保温体系时，应采取可靠的保温或阻断热桥的措施及防潮措施。

《北京市公共建筑节能设计标准》3.1；3.2

16.3 居住建筑节能

1. 建筑物体形系数 S 不应大于表 16-4 规定的限值。当 S 大于规定限值时，应按规范规定进行围护结构热工性能的权衡判断。

体形系数 S 限值 表 16-4

建筑层数	≤3 层	4～8 层	9～13 层	≥14 层
S	0.52	0.33	0.30	0.26

2. 普通住宅的层高不宜高于 2.8m。

3. 居住建筑各朝向窗墙面积比 M_1 不应大于表 16-5 规定的限值，当 M_1 大于规定限值时，必须按照规范规定进行围护结构热工性能权衡判断。M_1 不得大于其规定的最大值。

窗墙面积比 M_1 限值和最大值 表 16-5

朝向	限值	最大值
北	0.30	0.40
东、西	0.35	0.45
南	0.50	0.60

4. 外墙保温，应采用外保温构造。确有困难而采用内保温做法时，热桥部位应采取可靠的保温或阻断热桥的措施，并采取可靠的防潮措施。

5. 建筑各部围护结构的传热系数 K 不应大于表 16-6 规定的限值。当 K 值不满足限值要求时，必须按规范规定进行围护结构热工性能的权衡判断。

围护结构传热系数 K 限值　　表 16-6

序号	围护结构			≤3层建筑	4～8层建筑	≥9层建筑
				K[W/(m²·K)]		
1	外窗、阳台门（窗）	北向	M_1≤0.20	1.8	2.0	2.0
			M_1>0.20	1.5	1.8	1.8
		东、西向	M_1≤0.25	1.8	2.0	2.0
			M_1>0.25	1.5	1.8	1.8
		南向	M_1≤0.40	1.8	2.0	2.0
			M_1>0.40	1.5	1.8	1.8
2	屋顶透明部分			1.8	2.0	2.0
3	屋　顶			0.30	0.35	0.40
4	外　　墙			0.35	0.40	0.45
5	架空或外挑楼板			0.35	0.40	0.45
6	不供暖地下室楼板			0.5	0.5	0.5
7	分隔供暖与非供暖空间隔墙			1.5	1.5	1.5
8	户　　门			2.0	2.0	2.0
9	单　元　外　门			3.0	3.0	3.0
10	变形缝（两侧墙内保温）			0.6	0.6	0.6

6. 外窗、敞开式阳台的阳台门（窗），其气密性等级不应低于《建筑外门窗气密、水密、抗风压性能分级及检测方法》GB/T 7106-2008 中规定的 7 级。

7. 外围护结构的下列部位应进行详细构造设计：

（1）外保温的外墙和屋顶，当外墙和屋顶有出挑构件、附墙部件和突出物时，应采取隔断热桥或保温措施；

（2）外墙采用外保温时，外窗宜靠外墙主体部分的外侧设置，否则，外窗（外门）口外侧四周墙面应进行保温处理；

（3）外窗（门）框与墙体之间的缝隙，应采用高效保温材料填堵，不得采用普通水泥砂浆补缝。

《北京市居住建筑节能设计标准》3.1；3.2

17 防水、排水

17.1 屋面防水和排水

17.1.1 屋面防水

1. 屋面防水等级和设防要求：

Ⅰ级防水等级：用于重要建筑和高层建筑，两道防水设防；

Ⅱ级防水等级：用于一般建筑，一道防水设防。

《屋面工程技术规范》3.0.5

2. 倒置式屋面防水等级不应低于Ⅱ级；

种植土屋面防水等级不应低于Ⅰ级。

《细则》7.3.4；7.3.5

3. 常年温度很大且经常处于饱和湿度状态的房间（如公共浴室、主食厨房的蒸煮间等）在其屋面保温层下应设隔汽层。

《细则》7.3.10

17.1.2 屋面排水

1. 高层建筑屋面宜采用内排水；多层建筑屋面宜采用有组织排水；低层建筑檐高小于 10m 的屋面可采用无组织排水。多跨及汇水面积较大的屋面宜采用天沟排水，天沟找坡较长时，宜采用中间内排水，两端外排水。

《屋面工程技术规范》4.2.3

2. 严寒地区应采用内排水；寒冷地区宜采用内排水。

《屋面工程技术规范》4.2.9

3. 采用重力式排水时，屋面每个汇水面积内，雨水排水立管不宜少于两根。

《屋面工程技术规范》4.2.6

4. 钢筋混凝土檐沟、天沟净宽不应小于300mm，分水线处最小深度不应小于100mm；沟内纵向坡度不应小于1%，沟底水落差不得超过200mm；檐沟、天沟排水不得流经变形缝和防火墙。

《屋面工程技术规范》4.2.11

5. 金属檐沟、天沟纵向坡度宜为0.5%。

《屋面工程技术规范》4.2.12

6. 二层及二层以下的低层建筑可采用无组织排水。

《细则》7.2.1

7. 每一屋面或天沟，一般不应少于两个排水口。

《细则》7.2.4

8. 屋面排水坡度：

平屋面：防水卷材屋面 $i=2\%\sim5\%$

瓦屋面：平瓦屋面　　　$i\geqslant30\%$

　　　　波形瓦屋面　$i\geqslant20\%$

　　　　沥青瓦屋面　$i\geqslant20\%$

金属屋面：压型金属板，金属夹芯板屋面 $i\geqslant5\%$

　　　　　单层防水卷材金属屋面　　　　$i\geqslant2\%$

种植屋面：$i=2\%\sim50\%$

采光屋面：$i\geqslant5\%$

注：①平屋顶采用结构找坡不应小于3%；采用材料找坡宜为2%；
　②防水卷材屋面的坡度不宜大于25%，当坡度大于25%时应采取固定和防止滑落的措施；
　③防水卷材屋面天沟、檐沟纵向坡度不应小于1%，沟底水落差不得超过200mm，天沟、檐沟排水不得流经变形缝、防火墙；
　④地震设防地区或坡度大于50%的平瓦屋面，应采取固定加强措施；
　⑤架空隔热屋面坡度不宜大于5%。

《通则》6.14.2

9. 屋面排水宜优先采用外排水，高层建筑和多跨及集水面积较大的屋面宜采用内排水。

《通则》6.14.5

10. 两个雨水口的间距不宜大于下列数值：

外檐天沟：24m；

平屋面内、外排水：均为 15m。

每个雨水口的汇水面积不得超过按当地降水条件计算所得最大值。

《细则》7.2.6

按设计重现期 10 年计，每个雨水口的最大允许汇水面积规定如下：

雨水管管径为 75mm 时：103m²；

雨水管管径为 100mm 时：205m²；

雨水管管径为 150mm 时：444m²。

《细则》7.2.10

17.2 地下工程防水和排水

17.2.1 地下工程防水

1. 地下工程的防水等级分为四级：

（1）一级防水等级：不允许渗水、结构表面无湿渍。

适用于人员长期停留的场所；因有少量湿渍会使物品变质、失效的储物场所及严重影响设备正常运转和危及工程安全运营的部位；极重要的战备工程、地铁车站。

（2）二级防水等级：不允许漏水，结构表面可有少量湿渍。

适用于人员经常活动的场所；在有少量湿渍的情况下不会使物品变质、失效的储物场所及基本不影响设备正常运转和工程安全运营的部位；重要的战备工程。

（3）三级防水等级：有少量漏水点，不得有线流和漏泥砂。

适用于人员临时活动的场所；一般的战备工程。

（4）四级防水等级：有漏水点、不得有线流和漏泥砂。

适用于对渗漏无严格要求的工程。

《地下工程防水技术规范》3.2.1

2. 附建式的全地下或半地下工程的防水设防高度，应高出室外地坪高程 500mm 以上。

《地下工程防水技术规范》3.1.3

3. 地下工程迎水面主体工程结构应采用防水混凝土，并应根据防水等级的要求采取其他防水措施。

《地下工程防水技术规范》3.1.4

4. 防水混凝土结构厚度不应小于 250mm，抗渗等级应符合以下要求：

工程埋深（m）	设计抗渗等级
＜10	P6
10～20	P8
20～30	P10
≥30	P12

《地下工程防水技术规范》4.1.4；4.1.7

5. 结构刚度较差或受振动作用的工程应采用卷材、涂料等柔性防水材料。

《地下工程防水技术规范》3.3.4

6. 明挖法地下工程主体防水设防要求见表 17-1。

明挖法地下工程主体防水设防要求 表 17-1

工程部位	防水措施	防水等级			
		一级	二级	三级	四级
工程主体	防水混凝土	应选			宜选
	防水卷材	应选一至二种	应选一种	宜选一种	—
	防水涂料				
	塑料防水板				
	膨润土防水材料				
	防水砂浆				
	金属防水板				

《地下工程防水技术规范》3.3.1

17.2.2 地下车库排水

1. 机动车库应按停车层设置楼地面排水系统，排水点的服务半径不宜大于 20m，当采用地漏排水时，地漏管径不宜小于 DN100。

2. 机动车库内车辆清洗区域应设给水设施，并优先采用排水沟排水。清洗排水应经隔油池处理后排放。

3. 机械式机动车库应在底部设置排除其内部积水的设施。

4. 车库的排水方式可根据车库建筑布局、地面做法、排水条件、使用要求和管理模式等选择采用地漏、排水沟及集水坑等排水方式或混合采用上述排水方式。

《车库设计规范》7.2 及条文说明

地下工程的排水管沟、地漏、出入口、窗井、风井等，应采用防倒灌措施。地下工程防水设计应包括工程防排水系统、地面挡水、截水系统及各种洞口防倒灌措施。

《地下工程防水技术规范》3.1.6；3.1.8

［编者注释：

1. 地下车库排水主要应对由于暴雨洪涝、灭火消防水流等各种原因可能造成的大流量水流涌入对底层车库的淹水危害。水淹到一定深度可对停放车辆造成严重损害并威胁库内人员及变配电等设备房间的安全。在底层车库内配置以集水坑为主的排水系统简便实用，是应对以上问题的最佳选择，一般地下车库底层应优先选用此排水方式。

2. 地漏排水适用于地下车库楼层楼面排水（排入底层集水坑）底层地面不宜采用地漏排水以防止逆止阀失效造成市政网雨水倒灌。

3. 以排水沟为主的排水方式适用于地下车库内采用大量用水冲洗、清洁车辆和地面的部位。车库地面大面积设置地沟，利少弊多。大面积设置地沟，除增加建造和维修成本外，还存在由于地沟内积存油污带来的卫生和火灾隐患。为此，笔者特意走访、调查一些地下车库的实际使用情况，可以说，在正常运营、使用的地下车库内，大面积采用水冲清洗方式清洁地面几乎是不可能的。一般车库均采用清洁剂或无水、少水作业的人工和小型机械清洁地面。况且，以20m服务半径均布的集水坑排水方式并非不能胜任水冲方式清洁地面的地下车库地面排水。因此，车库内除汽车出入口坡道截水沟和车库内车辆清洗区等特殊部位外，一般不宜大面积采用地沟排水方式排水。此意与相关规范规定并不相违，可供设计人参考。]

17.3 基地地面、道路排水

17.3.1 基地自然坡度小于5％时，宜采用平坡布置方式；大于8％时，宜采用台阶式布置方式。台地连接处应设挡墙或护坡。

基地地面坡度不宜小于0.2％，小于0.2％时，宜采用多坡向或特殊措施排水。

场地设计标高宜比周边道路的最低路段高程高0.2m以上。

《通则》5.3.1

17.3.2 基地内机动车道的纵坡不应小于3％且不应大于8％，采用8％坡度时，其坡度长不应大于200m。特殊路段，坡度不应大于11％，坡长应控制在100m以内；多雪严寒地区道路纵坡不应大于6％，其坡长应控制在350m之内；横坡宜为1％～2％。

基地内步行道纵坡不应小于0.2％，亦不应大于8％，多雪严寒地区不应大于4％，横坡应为1％～2％。

《通则》5.3.2

17.3.3 基地内应有排除地面及路面雨水至城市排水系统的措施，采用车行道排泄地面雨水时，雨水口形式及数量应根据汇水面积流量、道路纵坡长度等确定。

《通则》5.3.3

18 建筑结构和抗震

18.1 抗震设防规定

1. 抗震设防烈度为 6 度及以上地区的建筑，必须进行抗震设计。

《抗震规范》1.0.2

2. 北京地区抗震设防烈度：

昌平、怀柔、门头沟区及密云县为 7 度设防区，其余区县均为 8 度设防区。

《细则》5.5.1

18.2 砌体结构建筑构造规定

1. 建筑层数和建筑高度规定详见表 18-1。

2. 层高规定：

砌块砌体承重的房屋层高不应超过 3.6m；

底部框架防震墙房屋的底部层高不应超过 4.5m；

内框架房屋的层高不应超过 4.5m。

《抗震规范》7.1.3

3. 建筑高宽比限值详见表 18-2。

4. 抗震横墙间距规定详见表 18-3。

5. 局部构造规定详见表 18-4。

女儿墙顶部应设置现浇钢筋混凝土压顶。当女儿墙高度（从屋顶结构面算起）超过 0.5m 时，还应加设钢筋混凝土构造柱。

《细则》5.5.2

房屋的层数和总高度限值（m）　　　　　表 18-1

房屋类别		最小墙厚度(mm)	烈度							
			6		7		8		9	
			高度	层数	高度	层数	高度	层数	高度	层数
多层砌体	普通砖	240	24	8	21	7	18	6	12	4
	多孔砖	240	21	7	21	7	18	6	12	4
	多孔砖	190	21	7	18	6	15	5	—	—
	小砌砖	190	21	7	21	7	18	6	—	—
底部框架-抗震墙		240	22	7	22	7	19	6	—	—
多排柱内框架		240	16	5	16	5	13	4	—	—

注：①房屋的总高度指室外地面到主要屋面板板顶或檐口的高度，半地下室从
地下室室内地面算起，全地下室和嵌固条件好的半地下室应允许从室外
地面算起；对带阁楼的坡屋面应算到山尖墙的 1/2 高度处。
②室内外高差大于 0.6m 时，房屋总高度应允许比表中数据适当增加，但不
应多于 1m。
③本表小砌块砌体房屋不包括配筋混凝土小型空心砌块砌体房屋。
④对医院、教学楼等及横墙较少的多层砌体房屋，建筑高度应较上表值降
低 3m，层数相应减少一层。

《抗震规范》7.1.2

房屋最大高宽比　　　　　表 18-2

烈度	6	7	8	9
最大高宽比	2.5	2.5	2.0	1.5

注：①单面走廊房屋的总宽度不包括走廊宽度。
②建筑平面接近正方形时，其高度比宜适当减小。

《抗震规范》7.1.4

房屋抗震横墙最大间距（m）　　　　　表 18-3

房屋类别		烈度			
		6	7	8	9
多层砌体	现浇或装配整体式钢筋混凝土楼、屋盖	15	15	11	7
	装配式钢筋混凝土楼、屋盖	11	11	9	4
	木屋盖	9	9	4	—

房 屋 类 别		烈度			
		6	7	8	9
底部框架-抗震墙	上部各层	同多层砌体房屋			—
	底层或底部两层	18	15	11	—

注：多层砌体房屋的顶层，最大横墙间距应允许适当放宽。

《抗震规范》7.1.5

房屋的局部尺寸限值（m） 表 18-4

部 位	6 度	7 度	8 度	9 度
承重窗间墙最小宽度	1.0	1.0	1.2	1.5
承重外墙尽端至门窗洞边的最小距离	1.0	1.0	1.2	1.5
非承重外墙尽端至门窗洞边的最小距离	1.0	1.0	1.0	1.0
内墙阳角至门窗洞边的最小距离	1.0	1.0	1.5	2.0
无锚固女儿墙(非出入口处)的最大高度	0.5	0.5	0.5	0.0

注：①局部尺寸不足时应采取局部加强措施弥补。

②出入口处的女儿墙应有锚固。

③多层多排柱内框架房屋的纵向窗间墙宽度，不应小于1.5m。

《抗震规范》7.1.6

18.3 现浇钢筋混凝土结构房屋建筑高度规定

现浇钢筋混凝土房屋适用的最大高度（m） 表 18-5

结构类型	烈度			
	6	7	8(0.2g)	9
框架	60	55	40	24
框架-抗震墙	130	120	100	50
抗震墙	140	120	100	60

结构类型	烈度			
	6	7	8(0.2g)	9
部分框支抗震墙	120	100	80	不应采用
框架-核心筒	150	130	100	70
筒中筒	180	150	120	80
板柱-抗震墙	80	70	55	不应采用

注：①房屋高度指室外地面到主要屋面板板顶的高度（不包括局部突出屋顶部分）。

②框架-核心筒结构指周边稀柱框架与核心筒组成的结构。

③部分框支抗震墙结构指首层或底部两层框支抗震墙结构。

《抗震规范》6.1.1

（现浇钢筋混凝土结构建筑高宽比不应超过 6.0

《细则》5.5.3）

18.4 钢结构房屋建筑高度规定

1. 钢结构建筑适用的最大高度（m）：

结构类型	6、7 度	7 度(0.15g)	8 度(0.2g)	9 度
框架	110	90	90	50
框架-中心支撑	220	200	180	120
框架-偏心支撑	240	220	200	160
筒体	300	280	260	180

《抗震规范》8.1.1

2. 钢结构民用建筑适用的最大高宽比：

6、7 度区　　　　　　　　　　6.5

8 度区　　　　　　　　　　6.0

9 度区　　　　　　　　　　5.5

《抗震规范》8.1.2

18.5 框架结构的非承重砌体隔墙的高度规定

墙厚(mm)	墙高(m)
75	1.5～2.4
100	2.1～3.2
125	2.7～3.9
150	3.3～4.7
175	3.9～5.6
200	4.4～6.3
250	4.8～6.9

注：①隔墙无门窗洞口时可取上限值。

②墙体应按规定设置配筋带、拉结筋及圈梁。

《细则》5.5.4

18.6 地下人防工程出入口临空墙防护厚度规定

18.6.1 对于符合手册第 11.1.11 条规定的独立式室外出入口，乙类防空地下室的独立式室外出入口临空墙的厚度不应小于 250mm；甲类防空地下室的独立式室外出入口临空墙的厚度应符合表 18-6 的规定。

独立式室外出入口临空墙最小防护厚度（mm） 表 18-6

剂量限值 (Gy)	防核武器抗力级别			
	4	4B	5	6、6B
0.1	400	350	250	—
0.2	300	250		250

注：①表内厚度系按钢筋混凝土墙确定。

②甲类防空地下室的剂量限值按规范相关规定确定。

《人防设计规范》3.3.11

191

18.6.2 战时室内有人员停留的乙类防空地下室，其附壁式室外出入口临空墙厚度不应小于250mm（图18-1）。战时室内有人员停留的甲类防空地下室，其附壁式室外出入口临空墙最小防护厚度应符合表18-7的规定。

《人防设计规范》3.3.13

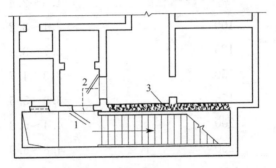

图18-1　附壁式室外出入口

1—防护密闭门；2—密闭门；3—临空墙

甲类防空地下室室外出入口临空墙最小防护厚度（mm）　　**表18-7**

城市海拔 （m）	剂量限值 （Gy）	防核武器抗力级别			
		4	4B	5	6、6B
≤200	0.1	1150	1000	650	—
	0.2	1050	900	550	250
>200 ≤1200	0.1	1200	1050	700	—
	0.2	1100	950	600	250
>1200	0.1	1250	1100	750	—
	0.2	1150	1000	650	250

18.6.3 战时室内有人员停留的乙类防空地下室的室内出入口临空墙厚度不应小于250mm。战时室内有人员停留的甲类防空地下室的室内出入口临空墙最小防护厚度应符合表18-8的规定。

《人防设计规范》3.3.15

城市海拔 （m）	剂量限值 （Gy）	防核武器抗力级别			
		4	4B	5	6、6B
≤200	0.1	800	600	300	—
	0.2	700	500	250	
>200 ≤1200	0.1	850	700	350	—
	0.2	750	600	250	
>1200	0.1	900	750	450	—
	0.2	800	650	350	250

注：①表内厚度系按钢筋混凝土墙确定。

②甲类防空地下室的剂量限值按规范相关规定确定。

18.7　变形缝和防震缝

18.7.1　设置规定

体型复杂、平立面特别不规则的建筑，可按实际需要在适当部位设置防震缝。

建筑物设置的伸缩缝和沉降缝，其宽度应符合防震缝的缝宽规定。

《抗震规范》3.4.5

墙体的伸缩缝应与结构的其他变形缝相重合。

18.7.2　防震缝宽度规定

1. 钢筋混凝土结构：

（1）框架结构：当建筑高度不超过 15m 时，缝宽 70mm；

建筑高度超过 15m 时：6 度区建筑高度每增加 5m，

7 度区建筑高度每增加 4m，

8 度区建筑高度每增加 3m，

缝宽宜加 20mm。

（2）框架-抗震墙结构：采用框架结构规定缝宽数值的70%。

（3）抗震墙结构：采用框架结构规定缝宽数值的50%。

（4）防震缝宽均不宜小于70mm。

《抗震规范》6.1.4

2. 多层砌体结构有下列情况之一时，宜设置防震缝，缝两侧均应设置墙体。

（1）房屋立面高差在6m以上；

（2）房屋有错层，且楼板高差较大；

（3）各部分结构刚度、质量差异大。

缝宽根据设防烈度和房屋高度确定，可采用70～100mm。

《抗震规范》7.1.7

3. 钢结构建筑需设防震缝时，缝宽应不小于相应钢筋混凝土结构房屋防震缝宽规定值的1.5倍。

《抗震规范》8.1.4

18.7.3 伸缩缝设置的最大间距

1. 钢筋混凝土结构伸缩缝设置见表18-9。

钢筋混凝土结构伸缩缝设置的最大间距（m） 表 18-9

结 构 类 型		室内或土中	露天
排架结构	装配式	100	70
框架结构	装配式	75	50
	现浇式	55	35
剪力墙结构	装配式	65	40
	现浇式	45	30
挡土墙、地下室墙	装配式	40	30
	现浇式	30	20

《混凝土结构设计规范》8.1.1

2. 砌体结构的伸缩缝设置见表18-10。

砌体结构伸缩缝设置的最大间距（m）　　**表 18-10**

屋盖或楼盖类型		伸缩缝间距
整体式或装配整体式钢筋混凝土结构	有保温层或隔热层	50
	无保温层或隔热层	40
装配式无檩体系钢筋混凝土结构	有保温层或隔热层	60
	无保温层或隔热层	50
装配式有檩体系钢筋混凝土结构	有保温层或隔热层	75
	无保温层或隔热层	60
瓦材屋盖、木屋盖、楼盖、轻钢屋盖		100

《砌体结构设计规范》6.5.1

195

19 常用数据及资料

19.1 定额、面积指标

19.1.1 商店

商店的疏散人数应按每层营业厅的建筑面积乘以表 19-1 规定的人员密度计算。对于建材商店、家具和灯饰展示建筑，其人员密度可按表 19-1 规定值的 30%确定。

商店营业厅内的人员密度（人/m²）   表 19-1

楼层位置	地下第二层	地下第一层	地上第一、二层	地上第三层	地上第四层及以上各层
人员密度	0.56	0.60	0.43~0.60	0.39~0.54	0.30~0.42

《防火规范》5.5.21.7

对于采用防火分隔措施隔开且疏散时无需进入营业厅内的仓储、设备房、工具间、办公室等可不计入营业厅面积内。

《防火规范》5.5.21.7 条文说明

19.1.2 展览厅

展览厅的疏散人数应根据展览厅的建筑面积和人员密度计算，展览厅内的人员密度不宜小于 0.75 人/m²。

《防火规范》5.5.21.6

19.1.3 歌舞娱乐放映游艺场所

歌舞娱乐放映游艺场所中录像厅的疏散人数，应根据厅、室的建筑面积按不小于 1.0 人/m² 计算；其他歌舞娱乐放映游艺场所的疏散人数，应根据厅、室的建筑面积按不小于 0.5 人/m² 计算。

〈防火规范〉5.5.21.4

19.1.4 餐饮建筑

餐馆、饮食店、食堂的餐厅与饮食厅每座最小使用面积应符合表 19-2 的规定。

餐厅与饮食厅每座最小使用面积　表 19-2

等级 \ 类别	餐馆餐厅 （m²/座）	饮食店饮食厅 （m²/座）	食堂餐厅 （m²/座）
一	1.30	1.30	1.10
二	1.10	1.10	0.85
三	1.00	—	—

《饮食建筑设计规范》3.1.2

19.1.5 办公建筑

普通办公室使用面积：$4.0m^2$/人，单间办公室净面积不应小于 $10m^2$

设计、绘图室使用面积：$6.0m^2$/人

研究工作室使用面积：$5.0m^2$/人

中小会议室使用面积：有会议桌为 $1.8m^2$/人；无会议桌为 $0.8/m^2$ 人

小会议室宜为 $30m^2$；中会议室宜为 $60m^2$

《办公建筑设计规范》4.2.3，4.3.2

19.1.6 影、剧院

1. 影、剧院门厅、休息厅使用面积应符合表 19-3 的规定。

门厅、休息厅使用面积指示（m²/座）　表 19-3

	影院	剧院	
甲级	0.5	0.3(0.5)	
乙级	0.3	0.2(0.3)	括号内为合 用厅指标
丙级	0.1	0.18(0.25)	

小卖部、小件寄存（衣物存放）：0.04m²/座。

《电影院建筑设计规范》4.3.2～4.3.5；

《剧场建筑设计规范》4.0.1～4.0.4

2. 剧场观众厅使用面积指标（m²/座）：

甲等剧场观众厅面积≥0.8

乙等剧场观众厅面积≥0.7

丙等剧场观众厅面积≥0.6

注：大台唇式、伸出式、岛式舞台剧场不计舞台面积。

《剧场建筑设计规范》5.2.1

3. 电影院观众厅使用面积指标（m²/座）：

乙级及乙级以上　　　　≥1.0

丙级　　　　　　　　　≥0.6

《电影院建筑设计规范》4.2.1

4. 有固定座位的场所，其疏散人数可按实际座位数的 1.10 倍计算。

《防火规范》5.5.21.5

19.1.7　托儿所、幼儿园

1. 幼儿园生活用房最小使用面积（m²）：

活动室：70┐
　　　　　├─合用：120
寝室：60┘

卫生间：厕所 12，盥洗室 8

衣帽间：9

《托、幼建筑设计规范》4.3.3

2. 托儿所生活用房最小使用面积（m²）：

乳儿室：50

喂奶室：15

配乳室：8

卫生间：10

198

储藏室：8

《托、幼建筑设计规范》4.2.3

19.1.8 宿舍

每室居住人数人均使用面积指标 **表 19-4**

		1 类	2 类	3 类	4 类
每室居住人数(人)		1	2	3～4	6、8
人均面积 （m²/人）	单层床	16	8	5	—
	双层床	—	—	—	4、3

《宿舍建筑设计规范》4.2.1

19.1.9 汽车客运站（使用面积）

候车厅：1.10m²/人

售票厅：15m²/售票窗口

（售票窗口数＝最高聚集人数/120）

《交通客运站建筑设计规范》6.2.2；6.3.3

19.2 计算建筑面积的规定

1. 建筑物的建筑面积应按自然层外墙结构外围水平面积之和计算。结构层高在 2.20m 及以上的，应计算全面积；结构层高在 2.20m 以下的，应计算 1/2 面积。

2. 建筑物内设有局部楼层时，对于局部楼层的二层及以上楼层，有围护结构的应按其围护结构外围水平面积计算，无围护结构的应按其结构底板水平面积计算。结构层高在 2.20m 及以上的，应计算全面积；结构层高在 2.20m 以下的，应计算 1/2 面积。

3. 形成建筑空间的坡屋顶，结构净高在 2.10m 及以上的部位应计算全面积；结构净高在 1.20m 及以上至 2.10m 以下的部位应计算 1/2 面积；结构净高在 1.20m 以下的部位不应计算建筑面积。

4. 场馆看台下的建筑空间，结构净高在 2.10m 及以上的部位应计算全面积；结构净高在1.20m及以上至2.10m以下的部位应计算1/2面积；结构净高在1.20m以下的部位不应计算建筑面积。室内单独设置的有围护设施的悬挑看台，应按看台结构底板水平投影面积计算建筑面积。有顶盖无围护结构的场馆看台应按其顶盖水平投影面积的1/2计算面积。

5. 地下室、半地下室应按其结构外围水平面积计算，结构层高在2.20m及以上的，应计算全面积；结构层高在2.20m以下的，应计算1/2面积。

6. 出入口外墙外侧坡道有顶盖的部位，应按其外墙结构外围水平面积的1/2计算面积。

7. 建筑物架空层及坡地建筑物吊脚架空层，应按其顶板水平投影计算建筑面积。结构层高在2.20m及以上的，应计算全面积；结构层高在2.20m以下的，应计算1/2面积。

8. 建筑物的门厅、大厅应按一层计算建筑面积，门厅、大厅内设置的走廊应按走廊结构底板水平投影面积计算建筑面积。结构层高在2.20m及以上的，应计算全面积；结构层高在2.20m以下的，应计算1/2面积。

9. 建筑物间的架空走廊，有顶盖和围护结构的，应按其围护结构外围水平面积计算全面积；无围护结构、有围护设施的，应按其结构底板水平投影面积计算1/2面积。

10. 立体书库、立体仓库、立体车库，有围护结构的，应按其围护结构外围水平面积计算建筑面积；无围护结构、有围护设施的，应按其结构底板水平投影面积计算建筑面积。无结构层的应按一层计算，有结构层的应按其结构层面积分别计算。结构层高在2.20m及以上的，应计算全面积；结构层高在2.20m以下的，应计算1/2面积。

11. 有围护结构的舞台灯光控制室，应按其围护结构外围水平面积计算。结构层高在2.20m及以上的，应计算全面积；结构层高在2.20m以下的，应计算1/2面积。

12. 附属在建筑物外墙的落地橱窗，应按其围护结构外围水平面积计算。结构层高在 2.20m 及以上的，应计算全面积；结构层高在 2.20m 以下的，应计算 1/2 面积。

13. 窗台与室内楼地面高差在 0.45m 以下且结构净高在 2.10m 及以上的凸（飘）窗，应按其围护结构外围水平面积计算 1/2 面积。

14. 有围护设施的室外走廊（挑廊），应按其结构底板水平投影面积计算 1/2 面积；有围护设施（或柱）的檐廊，应按其围护设施（或柱）外围水平面积计算 1/2 面积。

15. 门斗应按其围护结构外围水平面积计算建筑面积。结构层高在 2.20m 及以上的，应计算全面积；结构层高在 2.20m 以下的，应计算 1/2 面积。

16. 门廊应按其顶板水平投影面积的 1/2 计算建筑面积；有柱雨篷应按其结构板水平投影面积的 1/2 计算建筑面积；无柱雨篷的结构外边线至外墙结构外边线的宽度在 2.10m 及以上的，应按雨篷结构板的水平投影面积的 1/2 计算建筑面积。

17. 设在建筑物顶部的、有围护结构的楼梯间、水箱间、电梯机房等。结构层高在 2.20m 及以上的应计算全面积；结构层高在 2.20m 以下的，应计算 1/2 面积。

18. 围护结构不垂直于水平面的楼层，应按其底板面的外墙外围水平面积计算。结构净高在 2.10m 及以上的部位，应计算全面积；结构净高在 1.20m 及以上至 2.10m 以下的部位，应计算 1/2 面积；结构净高在 1.20m 以下的部位，不应计算建筑面积。

19. 建筑物的室内楼梯、电梯井、提物井、管道井、通风排气竖井、烟道，应并入建筑物的自然层计算建筑面积。有顶盖的采光井应按一层计算面积，结构净高在 2.10m 及以上的，应计算全面积；结构净高在 2.10m 以下的，应计算 1/2 面积。

20. 室外楼梯应并入所依附建筑物自然层，并应按其水平投影面积的 1/2 计算建筑面积。

21. 在主体结构内的阳台，应按其结构外围水平面积计算全面积；在主体结构外的阳台，应按其结构底板水平投影面积计算 1/2 面积。

22. 有顶盖无围护结构的车棚、货棚、站台、加油站、收费站等，应按其顶盖水平投影面积的 1/2 计算建筑面积。

23. 以幕墙作为围护结构的建筑物，应按幕墙外边线计算建筑面积。

24. 建筑物的外墙外保温层，应按其保温材料的水平截面积计算，并计入自然层建筑面积。

25. 与室内相通的变形缝，应按其自然层合并在建筑物建筑面积内计算。对于高低联跨的建筑物，当高低跨内部连通时，其变形缝应计算在低跨面积内。

26. 对于建筑物内的设备层、管道层、避难层等有结构层的楼层，结构层高在 2.20m 及以上的，应计算全面积；结构层高在 2.20m 以下的，应计算 1/2 面积。

27. 下列项目不应计算建筑面积：

（1）与建筑物内不相连通的建筑部件；

（2）骑楼、过街楼底层的开放公共空间和建筑物通道；

（3）舞台及后台悬挂幕布和布景的天桥、挑台等；

（4）露台、露天游泳池、花架、屋顶的水箱及装饰性结构构件；

（5）建筑物内的操作平台、上料平台、安装箱和罐体的平台；

（6）勒脚、附墙柱、垛、台阶、墙面抹灰、装饰面、镶贴块料面层、装饰性幕墙，主体结构外的空调室外机搁板（箱）、构件、配件，挑出宽度在 2.10m 以下的无柱雨篷和顶盖高度达到或超过两个楼层的无柱雨篷；

（7）窗台与室内地面高差在 0.45m 以下且结构净高在 2.10m 以下的凸（飘）窗，窗台与室内地面高差在 0.45m 及以上的凸（飘）窗；

（8）室外爬梯、室外专用消防钢楼梯；

（9）无围护结构的观光电梯；

（10）建筑物以外的地下人防通道，独立的烟囱、烟道、地沟、油（水）罐、气柜、水塔、储油（水）池、储仓、栈桥等结构物。

《建筑工程建筑面积计算规范》

19.3 常用计量单位的名称、符号及其换算

1. 常用计量单位的名称、符号和换算见表 19-5。

常用计量单位的名称、符号和换算表　　　表 19-5

量的名称	单位名称		单位符号		换算
	国家标准名称	废除名称	正	误	
长度	米	公尺	m	M	
	千米(公里)		km		
	分米	分寸	dm		
	厘米	公分	cm		
	毫米	公里	mm		
质量 (重量)	千克(公斤)		kg		
	吨		t	T	1t＝1000kg
	克		g		
容量	升	公升	L(1)		
	毫升	公撮	mL(ml)		1L＝1dm³ 1mL＝1cm³
	立方米		m³	M³	
面积	平方米		m²	M²	
	公顷		ha		1ha＝10000m²
时间	日(天)		d		
	［小]时		h		
	分		min		
	秒		s		
温度	摄氏度		℃		

注：在设计文件中一般应采用符号，在与阿拉伯数字连用及图、表、公式中的计量单位一律采用符号。名称与符号不得混用。

2. 在设计文件中应避免使用市制单位（表 19-6），如必须使用时一般不应将市制单位与国际单位制单位或其他单位构成组合单位。

暂可使用的市制单位   表 19-6

长度	[市]里	1[市]里＝500m
	丈	1 丈＝$3\frac{1}{3}$m＝3.3m
	尺	1 尺＝1/3m＝0.3m
质量	[市]担	1[市]担＝50kg
（重量）	斤	1 斤＝500g＝0.5kg
面积	亩	1 亩＝1/15 公顷＝10000/15m^2＝666.7m^2

3. 大写拉丁字母（斜体）表示的主体符号见表 19-7。

大写拉丁字母（斜体）表示的主体符号   表 19-7

A	面积	T	温度
V	体积	Q	荷载

4. 小写拉丁字母（斜体）表示的主体符号见表 19-8。

小写拉丁字母（斜体）表示的主体符号   表 19-8

d	直径,厚度	r	半径
h	高度	t	时间,薄构件的截面厚度
l	长度、跨度		

附录 引用规范名称对照一览

序号	名称	编号	本文引用简称
1	民用建筑设计通则	GB 50352—新版	《通则》
2	建筑设计防火规范	GB 50016—2014	《防火规范》
3	民用建筑设计术语标准	GB/T 50504—2009	
4	人民防空地下室设计规范	GB 50038—2005	《人防规范》
5	人民防空工程设计防火规范	GB 50098—2009	《人防防规》
6	车库建筑设计规范	JGJ 100—2015	《车库设计规范》
7	汽车库、修车库、停车场设计防火规范	GB 50067—2014	《汽车库防范》
8	商店建筑设计规范	JGJ 48—2014	
9	中小学校设计规范	GB 50099—2011	
10	托儿所、幼儿园建筑设计规范	JGJ 39—2016	《托、幼建筑设计规范》
11	办公建筑设计规范	JGJ 67—2006	
12	综合医院建筑设计规范	GB 51039—2014	
13	旅馆建筑设计规范	JGJ 62—2014	
14	剧场建筑设计规范	JGJ 57—2000	
15	电影院建筑设计规范	JGJ 58—2008	
16	体育建筑设计规范	JGJ 31—2003	
17	图书馆建筑设计规范	JGJ 38—2015	
18	档案馆建筑设计规范	JGJ 25—2010	
19	宿舍建筑设计规范	JGJ 36—2005	
20	住宅设计规范	GB 50096—2011	《住宅设规》
21	住宅建筑规范	GB 50368—2005	《住宅建规》
22	饮食建筑设计规范	JGJ 64—89	
23	锅炉房设计规范	GB 50041—2008	
24	种植屋面工程技术规程	JGJ 155—2013	
25	交通客运站建筑设计规范	JGJ/T 60—2012	
26	铁路旅客车站建筑设计规范	GB 50226—2007	
27	汽车加油加气站设计与施工规范	GB 5016—2012	
28	城市公共厕所设计标准	CJJ 14—2016	《城市公厕设计标准》
29	20kV及以下变电所设计规范	GB 50053—2013	
30	民用建筑电气设计规范	JGJ 16—2008	

序号	名称	编号	本文引用简称
31	城镇燃气设计规范	GB 50028—2006	
32	建筑内部装修设计防火规范	GB 50222—2001	《内装修防规》
33	民用建筑外保温系统及外墙装饰防火暂行规定	公通字[2009]46 号	《公通字[2009]46 号文》
34	木结构设计规范	GB 50005—2003	
35	低压配电设计规范	GB 50054—2011	
36	城市工程管线综合规划规范	GB 50289—2016	
37	民用建筑热工设计规范	GB 50176—93	
38	北京市生活居住建筑间距暂行规定	88 城规发字第 225 号	《225 号文》
39	北京市建筑设计技术细则	市规发[2004]1538 号	《细则》
40	北京地区建设工程规划设计通则	市规发[2003]495 号	《495 号文》
41	北京市住宅区及住宅安全防范设计标准	DBJ 01—608—2002	《住宅安防设计标准》
42	北京市建筑工程安全玻璃使用规定	京建法[2001]2 号	
43	建筑安全玻璃管理规定	发改运行[2003]2116 号	
44	住宅建筑门窗应用技术规范	DB11/1028—2013	
45	全国民用建筑工程设计技术措施(规划·建筑·景观)	建质[2009]124 号	《技术措施》
46	夏热冬冷地区居住建筑节能设计标准	JGJ 134—2010	
47	居住建筑节能设计标准(北京市)	DB11/891—2012	
48	公共建筑节能设计标准(北京市)	DB 11/687—2015	
49	公共建筑节能设计标准(国际)	GB 50189—2015	
50	城市规划基本术语标准	GB/T 50280—98	
51	地下工程防水技术规范	GB 50108—2008	
52	无障碍设计规范	GB 50763—2012	
53	城市居住区规划设计规范	GB 50180—93(2016 年版)	
54	屋面工程技术规范	GB 50345—2012	
55	砌体结构设计规范	GB 50003—2011	
56	混凝土结构设计规范	GB 50010—2010(2016 年版)	
57	建筑抗震设计规范	GB 50011—2010(2016 年版)	《抗震规范》

注：《民用建筑设计通则》引用自新版网上征求意见稿，该规范正式出版发行后应以发行本为准核实条文内容。